유쾌한 착각 여왕

유혜연 지음

아티오
ArtStudio

착각은 나의 구명조끼

중년의 파도를 견디게 한 뻔뻔한 주문, '그까짓 거'의 힘

솔직히 고백하자면, 제 인생은 한마디로 '착각의 총집합'이었습니다.
과장이 아니라 정말 그렇습니다.

공부는 질색이면서도 "내 잠재력은 서울대급이지!" 하고 믿었고,
남편을 만났을 때도 그 넓은 어깨만큼 마음도 넓을 거라 단정 지었지요.
아이들을 키울 때도 "우리 애는 천재고말고!" 하는 믿음 하나로 분투하
며 살았습니다.

그중엔
"나는 착하게 살았으니 시련도 비켜 가겠지."
하는 순진하면서도 오만한 착각도 있었습니다.
앞으로 꽃길만 펼쳐질 거라 믿었지만,
현실은 생각보다 더 울퉁불퉁하고 가시가 많았습니다.

살다 보니 알게 되었습니다.
착각이라는 게 늘 귀엽고 유쾌한 얼굴만 하고 있는 건 아니더라고요.

어떤 착각은 우리를 살리고,

어떤 착각은 우리를 다치게 하고,

어떤 착각은 사랑인지 희생인지 구분도 못 한 채 스스로를 소모시키는 길로 이끌기도 합니다.

하지만 그 모든 경험이 지나고 난 뒤에야 비로소 이렇게 말할 수 있게 되었습니다.

문제는 '착각하느냐 마느냐'가 아니라, '어떤 착각을 선택하느냐'라는 것을.

현실을 너무 정확히 바라보려 할수록 잠 못 이루는 밤이 많아졌고,

정확함과 냉정함은 오히려 나를 더 깊은 절망으로 끌고 갈 때도 있었습니다. 그럴 때마다 아주 단순한 주문 하나로 삶을 다시 일으켜 세웠습니다.

"그까짓 거."

이 짧은 말은 세상의 무게를 가볍게 털어내는 힘이 되었고, 타인의 시선을 밀어내는 작은 용기가 되었습니다.

그리고 이 뻔뻔함이야말로 중년의 큰 파도를 견디게 해준 가장 튼튼한 구명조끼였습니다.

나를 붙잡아 준 것은 정확한 현실 판단도, 완벽한 전략도 아니었습니다.

언제나 제 편을 들어주던 작고 따뜻하고 유쾌한 '선택된 착각'들이었죠.

때로는 알 수 없는 힘을 주고, 어떤 순간엔 정말로 '착각 같은 기적'을 만들어 주기도 했습니다.

이 책은 남의 눈치를 보느라 스스로를 몰아붙였던 시절에서 벗어나 마침내 유쾌하고 뻔뻔한 '착각여왕'으로 다시 태어나기까지의 기록입니다.

그러니 독자 여러분,
너무 힘들게, 너무 완벽하게 살려고 애쓰지 마세요.

조금은 우습고, 조금은 가볍고, 조금은 뻔뻔한 착각 하나쯤 품어도 괜찮습니다.

때로는 그런 착각이 삶의 큰 파도에서도 우리를 둥둥 띄워주는 부표가 되어주니까요.

이제,
착각여왕인 제 세계로 조용히 문을 열어보실래요?

여기에는 현실에 지친 당신을 다정하게 끌어안아 줄 따뜻하고 웃기고, 때로는 용감하게 깨뜨려야만 했던 여러 가지 착각들이 기다리고 있습니다.

연글연글 유혜연

2장 | 손녀랑 할미랑

（1장）

은퇴 부부의 동거 일기

> " 은퇴 부부의 생존력은,
> 현실보다 '착각의 기술'에서 나온다 "

낭만 없는
밴댕이

이르다는 말에는 두 가지 의미가 있다. 성급하다는 의미와 남들보다 앞서간다는 뜻도 있다. 나의 결혼과 출산은 이른 편이었다. 그러니 남들보다 이른 나이에 할머니가 될 수밖에……. 그렇게 '조기 할머니'가 된 나는, 직장에 다니는 큰딸을 돕기 위해 손녀 육아를 자청했다.

남편의 정년이 얼마 남지 않았을 때였다. 생각보다 만만하지 않았던 손녀 육아로 하루하루 정신이 없었을 시기이기에 솔직히 남편의 정년 이후 삶을 깊이 생각해 볼 겨를이 없었다. 경제적인 부분에서 걱정하지 않은 이유는 남편이 얼마간 쉬고 나면 곧 재취업할 거라 기대했기 때문이었다. 남편은 방송국의 PD였다. 아직 사회생활을 끝내기엔 나이도 많지 않았고, 능력도 아까운 사람이었다. 게다가 주변 사람들 말로는 남자는 보통 몇 달 쉬고 나면 답답해서 집에 못 있고 일을 찾아 나선다기에, 그 말을 철석같이 믿고 있었다.

그래서 몇 달쯤 함께 지내는 건 그리 어렵지 않으리라 생각했다. 연애 결혼한 우리가 자식 키우고 손녀까지 보며 살아온 세월이 있으니, 그 정도는 거뜬히 넘길 줄 알았다. 잉꼬부부까지는 아니어도, 서로의 감정을 존중하는 평범한 부부는 될 줄 알았으니까.

그렇게 어영부영 살다가 정년을 1년 남겨두고 남편의 안식년이 시작되었다. 비록 절반만 나오는 월급이었지만, 1년을 온전히 쉬면서도 수입이 생기니, 더할 나위 없는 호사였다. 은퇴 후는 그때 가서 고민하기로 하고, 지금은 평생에 한 번뿐인 기회라 생각하며, 그동안 하고 싶었던 일들을 우선 떠올려 보기로 했다.

나에겐 '할아버지'라는 육아 동지가 생겼으니 손녀 돌봄도 한결 여유로워질 것 같았다. 동시에 그동안 가보고 싶었던 예쁜 카페들을 마음껏 다니고 싶었다. 늘 가성비를 중시하는 남편은 평일 할인되는 점심 특선을 즐기고 싶어 했다.

하지만 아름다운 상상과는 전혀 다른 현실이 기다리고 있었다. 손녀가 어린이집을 거부해 유치원에 들어가기 전까지는 온종일 육아에 매달릴 수밖에 없었다. 다행히 유치원에 다니기 시작하면서, 드디어 내게도 한낮의 여유가 허락되었다. 그제야 우리는 바로 위시리스트를 실행에 옮기기 시작했다. 남편이 찾아 둔 점심 특선을 먹고, 내가 찜해 둔 카페에서 여유롭게 커피를 즐겼다.

사실 젊은 시절, 내게 카페란 사치스러운 공간이었다. 아이를 키우느라 치여 살던 시절엔 엄두조차 내지 못했고, 나이가 들어서야 가끔 친구를 만나는 장소 정도로만 머물렀다. 그 이상은 내 삶에 가까이 들어오지 못한 작은 로망으로 남아 있었다.

이런 날도 있었다. 남편과 집 앞 공원을 산책하던 중에 지나가는 비를 만난 적이 있다. 근처 스타벅스 지붕 밑으로 급히 몸을 피했고, 뚫어져라 하늘만 쳐다보며 멀뚱히 서 있다가 내가 먼저 말을 꺼냈다.

"우리 안으로 들어가 커피 한잔 마시면서 비 그치기를 기다릴까?"

남의 집 지붕 아래 우두커니 서 있는 모양새가 처량하게도 느껴지고, 흐린 날 카페 안에서 새어 나오던 노란 불빛이 유혹적이기도 했다.

"뭐 하러. 금방 그칠 텐데." 남편이 대답했다.

세상에서 남자들이 퍼마시는 술값이 제일 아까운 그 여자와, 돈 주고 사 마시는 커피값이 제일 아까운 그 남자의 협상은 그렇게 단숨에 결렬됐다. 나는 그날, 남편의 현실적인 '정확함'이 이렇게 서늘하고 치사할 수 있다는 것을 처음 알았다. 그날의 치사하고 서운했던 감정은, 내 마음속에 남편을 '낭만 없는 밴댕이'로 새겨 놓았다.

그랬던 남편이 세월이 흐른 지금, 내 위시리스트에 따라 카페에 마

   유쾌한 착각 여왕

주 앉아 있다. 주말도 아닌 평일 한낮에……. 시간이 흐르니 밴댕이도 내 마음을 맞춰주는 날이 오는구나 싶어 흐뭇함이 차올랐다. 연애 시절도 떠오르면서 그동안 잊혔던 말랑한 감정들이 꾸역꾸역 비집고 나오는 듯했다.

물론, 반쯤 뜬 흐린 눈으로 앞에 앉은 남편에게 '이 남자는 지진희다'라고 최면을 걸어야 하는 작은 함정이 늘 뒤따랐지만 말이다.

한낮의 카페 안에는 여자가 16명, 남자는 울 남편 딱 한 명. 남편은 남편대로, 16 대 1로 기울어진 묘한 기운을 견디며 커피를 홀짝였다. 그래도 그냥 좋았다. 시간도 공간도 일상도 얽매이지 않은 채 누리는 자유 같았고, 그동안 열심히 살아온 우리에게 주어진 작고 소중한 보상처럼 느껴졌다.

하지만 하루, 이틀, 시간이 흐르자, 꽃길에도 잡초가 자라기 시작했다. 함께 머무는 집은 더 이상 안식처가 아닌, 자꾸 부딪히는 씨름판으로 변해갔다.

그리고 그때 비로소 깨달았다.
우리는 서로를 오래 사랑해 온 만큼, 서로에 대해 오래 착각해 온 부분도 많았다는 것을.

남편과 나 사이
평화의 간격

　서로 다른 남녀가 만나 가정을 이루고 가족이 되어 살아가지만, 지금까지도 나는 이 남자가 어떻게 나와 함께 있는지 가끔 의아하다. 함께 살아가는 게 당연한 일일 텐데, 솔직히 말하면 우리는 너무 달라서 같이 있는 자체가 신기할 때가 있다.

　우리는 참 많이 다르다. 장점도 다르고, 취미도 다르고, 취향까지 닮은 구석이 없다. 아이들 키우며 바쁘게 살던 시절에는 그 다름을 맞출 겨를조차 없었다. 하루를 무사히 지켜내는 것이 더 급했으니까. 그렇게 서로를 다독일 여유도 없이, 우리는 제2의 인생을 맞이하게 되었다.

　남편이 정년을 맞은 후, 같은 공간에서 온종일 붙어 지내다 보니 다름은 더욱 차고 넘치기 시작했다. 그러다 보니 불편한 소리들이 자꾸 부딪혔다. 아침에 인사하고 저녁에야 겨우 마주하던 얼굴이 종일 눈에 띄니 부담스러웠고, 참아야 할 시간은 몇 배로 늘어 숨이 막히는 듯했다. 30년 넘게 살아온 사이가 낯설게 느껴질 정도였다.

결국 우리는 '떨어지는 시간'을 만들어야 했다.

예를 들어, 함께 산책할 때는 보폭과 걷는 속도의 차이로 맘이 상하기 일쑤였다. 그래서 산책은 포기하고, 장 보러만 함께 간다. 장바구니를 들어 줄 사람이 필요하니까.

하루 세 끼 식사를 할 때도 마찬가지다. 그날 각자의 뱃속 사정에 맞는 메뉴 조율이 은근히 까다로웠다. 간단히 한 끼를 채우고 싶은 나와 국물이 있는 요리를 좋아하는 남편. 같이 먹자니 맞추기가 여간 피곤한 게 아니다. 그래서 하루에 점심 한 끼만 통일된 음식으로 마주 앉아 먹기로 했다. 아침은 빵과 커피, 저녁은 오트밀이나 떡으로 합의했다. 나름 만족스러운 타협에 "오예!" 소리가 절로 나온다.

운동은 더 명확하다. 남편은 등산이나 운동을 같이 하자고 하지만, 체력장 '무급'에 운동신경 '꽝'인 나는 단호히 "노!"였다. 그래서 운동은 남편 혼자 다니고, 나는 집안일과 일상의 노동으로 퉁치기로 했다.

취향 차이도 적지 않다. 리모컨 선택권은 꽤 예민한 문제였다. 전직 방송인이었던 남편은 다큐멘터리와 영화를 즐겨보고, 심각한 건 딱 질색인 나는 예능을 좋아한다. 리모컨을 먼저 잡는 사람이 임자였고, 빼앗긴 사람은 툴툴대며 입 나온 시청자가 되었다. 결국 밀고 다니는 작은 TV를 하나 더 구입하는 것으로 해결했다.

잠버릇마저 다르다. 나는 밤새 같은 자세로 얌전히 잠을 자는 반면, 남편은 잠자리가 허용하는 최대 범위를 이리저리 휘저으며 잠을 잔다. 그러다 보니 이불은 늘 이리저리 획획, 위아래가 뒤집히기 일쑤다. 발과 얼굴 닿는 부분이 뒤바뀌는 걸 참을 수 없는 나는, 남편의 뒤척임으로 이불이 펄럭일 때마다 벌떡 일어나 이불의 위아래를 맞추곤 했다. 결국 오랫동안 이어진 이불과의 전쟁 끝에 침대를 트윈으로 바꾸고서야 비로소 평화로운 밤을 찾을 수 있었다.

이처럼 우리를 갈라놓는 간격은 수도 없이 많다. 하지만 간격이 꼭 불화의 의미는 아니다.

꼭 붙어 손을 잡고 다녀야만 사랑하는 건 아니다. 너무 익숙해 설레지 않는 마음조차 자연스러운 부부의 한 모습일 뿐이다. 가끔 함께 괜찮은 시간을 보내는 그것만으로도 충분히 좋은 관계일 수 있다.

서로의 존재가 자연스럽게 스며든 일상 속에서 특별할 것 없는 평범한 순간들이 쌓이며 단단한 신뢰가 된다. 어쩌면 그런 관계가 더 오래갈 수 있는지도 모른다. 꼭 뜨거울 필요는 없다. 서로의 온도를 알고, 그 온도를 존중해주는 사이야말로 진짜 깊은 사이라고 생각한다.

그래서 지금 우리는 이 정도의 간격으로 평화를 유지하고 있다. 앞으로의 간격은 어떻게 달라질지 알 수 없지만, 소소한 수정들이 더해지며 그 간격 어딘가에서, 또다시 우리만의 평화를 찾아가리라 믿는다.

유쾌한 착각 여왕

연금과 남편의
시소 타기

남편과 함께 살아가는 하루는, 어쩐지 시소 같다.

감정이 위로 올랐다가 아래로 쿵 떨어지고, 연금은 든든한데 남편은 가끔 얄밉고, 남편이 귀여워질 만하면 또 현실 계산이 발끝에 걸린다.

살다 보니 알겠다.

우리가 부부로 함께 살아온 세월만큼 이 감정의 시소에서 균형을 잡으려고 애쓴 시간도 꽤 길었다는 걸.

그렇다고 늘 불평만 있는 건 아니다.

가끔은 남편이 올라가고, 가끔은 연금이 올라가고, 둘 다 내려앉는 날도 있지만 그래도 우리는 오늘도 그 시소 위에서 얼추 균형을 맞춰 가며 살아가고 있다.

평화의 간격을 겨우 찾아냈다고 안심한 것도 잠시, 남편과 하루 종일 붙어 있는 생활은 여전히 만만치 않았다. 말 한마디조차 조심해야 하는 긴 하루의 연속이었다.

은퇴 초반, 둘이 묶여 하루를 함께하기 시작했을 때 나는 마음의 준비를 단단히 하고 "시~작"을 외쳤다. 하지만 각오보다 훨씬 힘들었다.

이젠 서로 보기만 해도 설렘이 솟던 젊은 연인도 아니고, 비주얼만으로 마음을 흔들기엔 그때가 이미 오래 지났다. 하루하루를 오로지 이성과 인격으로 무장한 채 버텨내야만 겨우 '선방한' 하루가 되는 날들이 이어졌다. 신혼 때도 해보지 않았던 기선 제압을 굳이 하는 것도 아닐 텐데, 어쩌면 그리 사사건건이 부딪히는 건지.

남편의 은퇴 후 가장 불편했던 건, 내 생활 공간에 남편이 하루 종일 포함되어 있다는 사실이었다. 나는 아침에 일어나 잠자리를 정리하고, 욕실은 거울까지 말끔히 닦아낸 뒤 하루를 시작하는 사람이다. 그런데 남편이 욕실에 들어갔다 나오면 물 자국으로 얼룩진 거울과 변기까지 지저분해지기 일상이다. 예전 같으면 하루 한 번으로 끝나던 수고가 수시로 반복되니 몸도 마음도 지쳐 짜증이 올라오기 시작했다.

또 하나 낯설었던 건 대화였다. 예전에는 퇴근 후 나누던 일상 이야기가 있었지만, 이제는 종일 함께 하다 보니 굳이 나눌 이야기가 없어졌다. 그나마 그 틈을 손녀가 웃음과 작은 소란으로 메워주었지만, 정작 우리 '둘'이 우선순위가 되기엔 이미 너무 오래 묻혀 있었다. 둘이

          유쾌한 착각 여왕

만나 넷이 되어 살아오다가 다시 둘이 되기까지 꼬박 35년이 걸렸으니, 어쩌면 당연한 일일지도 모른다.

젊을 때는 한마디라도 더 나누고 싶어서 그렇게 아쉽기만 하던 남편과의 대화 시간이, 이제는 지루하고 재미가 없어 자꾸 귀를 틀어막고 싶어진다. 세월의 변화는 참으로 정직하다.

사실 이 나이가 되고 보니, 그 어떤 매력적인 조건보다도 상대의 말을 버럭거리지 않고 끝까지 들어주는 참을성과 배려심이 훨씬 더 큰 가치로 다가온다. 그것만 지켜도 부부 사이가 한결 평화로워진다.

그러나 현실은 달랐다. 둘만 있으니, 증인도 없는데 서로 내가 옳다고 우겨봐야 답이 없다. 게다가 상대의 말을 끝까지 듣다 보면 정작 내가 하려던 말을 잊어버릴 것 같아서, 일단 말부터 꺼내고 보는 심보가 올라온다. 결국 말하고 있는 서로의 말을 덮어씌우느라 바쁘기만 하다. 그 지경이니 말한 사람만 있고 들은 사람은 없다.

그 시절, 우리에게 가장 부족했던 건 바로 함께 살아가는 법에 대한 '소통'이었다.

왜 우리는 소통에 성숙하지 못할까? 왜 나만 옳다고 생각할까? 이런 의문이 자주 들었다.

그런데 신기하게도 친구들과 있을 때면 누구보다 소통이 잘되었다.

손뼉 치며 귀 기울여 주는 그들의 마음이 있어서였을 것이다. 그 마음을 남편에게도 열어줄 수 있다면, 남편도 즐겁고 신이 날 텐데.

생각해 보니 문제는 따로 있었다.
남편의 얘기는 너무나 재미가 없다는 데 있었다. 가르치듯 길게 이어지는 말투에 맥이 없으니, 나의 무덤덤한 반응은 상대를 김이 빠지게 하고 대화는 맛이 없어진다. 요즘엔 재미있는 남편이 인기 조건이라던데, 크게 공감이 갔다. 하지만 또 생각해 보니 집에 돌아오면 개그맨도 과묵해진다고 하니, 이 또한 쉽지 않은 바람인 것 같다.

그러던 어느 날, 비슷한 시기에 남편이 정년을 맞은 친구와 오랜만에 통화를 했다. 서로의 고단함을 위로도 하고, 함께 웃으며 떠들다가 전화를 끊으려는 순간, 친구가 불쑥 물었다.
"남편은 건강하시지? 남편밖에 없더라. 남편이 오래 살아야 너도 좋은 거야."

뜬금없는 얘기에 궁금해진 나는 물었다.
"남편이 오래 살면 나한테 뭐가 좋은데?"
친구는 잠시 머뭇거리더니 이런 대답을 했다.
"으응, 그러면 남편 연금도 오래 받을 수 있고……."
알몸을 들킨 듯 민망한 그 진심에 그만 웃음이 터져버렸다. 하지만

　　　　　　　　　　　　　유쾌한 착각 여왕

웃음기가 가신 자리에 그 말이 오래도록 머물러 나를 생각에 잠기게
한다.

수십 년의 결혼생활 끝에 이제 우리는 서로의 안정을 지켜주는 나
이가 되었다. 가족을 위해 열심히 살아온 '좋은 월급쟁이' 남편은, 이
제 연금 때문이라도 오래오래 곁에 있어야 할 소중한 존재가 되었다.
물론 그 말속에는 여전히 함께 늙어 가고 싶은 바람도 담겨 있겠지.

그래서 오늘 하루, 남편 얼굴을 한 번 더 바라봐 주고, 밥 한 숟갈
더 챙기고, 짜증은 한 번 덜 내보기로 한다.
그렇게 조금씩 서로에게 따뜻한 곁이 되어가는 것.
그것이 우리가 할 수 있는 중년 부부의 미화 없는 진짜 노력이다.

그런 노력의 시간 속에서도 연금과 남편의 무게는 날마다 오르락내
리락한다. 그 시소가 한쪽으로 기울어질 때마다 나도, 남편도 함께 흔
들리지만 그래도 오늘 우리는 그 중심을 천천히 되찾아간다.
조금은 삐딱하고, 조금은 든든하고, 결국엔 묘하게 균형을 이루는
우리 부부의 인생 시소 위에서.

은퇴 후의
불편한 진실

결혼 후 평생을 월급쟁이로 살아온 우리는, 퇴직을 하고 나서야 살림이 얼마나 단출했는지 새삼 확인했다.

두 아이 키우고, 집 한 칸 대출 갚으며 살아온 세월. 그나마 빚지지 않은 게 감사할 일이다. 남편은 이름만 대면 알 만한 직장에서 적지 않은 월급을 받아왔음에도 말이다.

나는 나대로, 적은 보수라도 살림에 보태려고 모니터 아르바이트와 아이들 과외지도를 하면서 열심히 살아왔다.

나의 무능함이라면 부동산이나 재테크에는 무관심하고 그저 아끼는 것만이 최선인 줄 알고 살아왔다는 점이다. 게다가 결혼할 때부터 집 걱정은 말라시던 시댁의 유산도 물 건너간 상태인지라, 앞으로의 생활이 좀 걱정스러웠다.

남편의 정년이 가까워질수록 나는 점점 복잡한 생각에 사로잡혔다.

늘어나는 기대 수명과 빠듯한 노후 자금. 과연 우리에게도 편안히

설 자리는 있을까? 밤마다 숫자를 세며 걱정이 많아지는 나와는 달리 남편은 "월 200만 있어도 충분히 산다"거나 "있는 만큼만 먹고 쓰면 된다"는 단순명료한 철학을 반복했다.

그 말이 때로는 답답하고, 때로는 무모한 착각처럼 느껴졌다.

남편은 평생 한 직장에서 성실하게 일해 온 사람이다. 직장 안에서는 충실했지만, 그 밖의 세계인 노후 설계나 투자, 생활비 절약과 같은 경제 감각에는 다소 서툴고 무심하다.

하지만 나는 안다. 그 말이 말처럼 쉽지 않다는 것을. 물가는 하루가 다르게 오르고, 의료비며 생활비, 예기치 못한 지출들이 노후의 발목을 잡을 수도 있는 현실을. 나 혼자만 계산기를 두드리며 앞날을 설계할 때면, 이 삶이 과연 '함께하는 삶'이 맞는가 싶기도 하다.

남편은 은퇴 후에는 일을 하지 않겠다고 선언했다.

나는 그 말이 편안한 확신인지, 현실을 모르는 착각인지 헷갈릴 때가 있다. 남편의 능력이나 나이를 떠나 사회생활을 단절한다는 것이 아깝다는 생각도 했지만, 본인의 뜻이 확고하니 더 이상 말은 꺼내지 않았다.

남편의 방식은 단순하다. 없는 건 줄이고 줄인 만큼 만족하며 사는 것. 어찌 보면 분명하고 단순한 삶의 방식이다.

하지만 나는 다르다.

가진 형편에 맞추기만 하는 수동적인 삶보다는, 내가 좋아하는 것을 포기하지 않기 위해 작은 경제 활동이라도 이어가고 싶다.

내가 좋아하는 커피 한 잔을 망설이지 않고, 새 계절의 옷, 손녀 선물, 부모님 용돈, 가족들이 모이면 맛있는 것도 마음껏 사주고 싶었다.

그런 소소한 욕심들이 나를 여전히 살아있게 한다.

앞으로 남은 시간들을 그저 가만히 앉아 눈만 껌벅이며 흘려보내고 싶지 않다. 가만있으면 그대로 늙어버릴 것 같아서 무엇이든 찾아 나서기로 했다.

작은 일이라도 시작해 보면 뜻밖의 곳에서 길이 열리기도 한다. 일단, 시작이 중요하다.

이제 내게 '만 원'은 젊은 날의 만 원보다 훨씬 무겁다. 작은 금전의 씨앗이 모여 커피가 되고, 새 옷이 되고, 손녀의 선물이 된다. 그래서 중년 이후의 경제 활동은 단지 돈을 벌기 위한 일이 아니라 나를 다시 살아 움직이게 하는 에너지다.

무리하지 않는 선에서, 내가 할 수 있는 만큼 작은 활동을 이어가는 것. 그렇게 오늘 하루를 조금 더 생기 있게 만들며, 나 또한 한층 여유 있는 사람처럼 느껴진다.

옛 어른들은 나이 들면 욕심이 사라진다 했지만, 이제 와 생각해 보

   유쾌한 착각 여왕

면 그 말도 작은 체념에서 나온 착각이었다. 하고 싶은 게 여전히 많다면, 경제 활동은 선택이 아니라 필수다.

남편과 나는 특히 노후를 대하는 방식에서 그 차이가 더욱 두드러졌다. 남편은 욕심 없이 조용한 노후를 꿈꾸고, 나는 여전히 하고 싶은 게 많은 할머니로 살아가고 싶다. 먹고 싶은 것도 많고, 해보고 싶은 것도 많고, 나누고 싶은 마음은 더 많으니까.

조금 늦었지만, 우리는 서로 다른 방식대로 살아가는 법을 배워가는 중이다. 가끔은, 우리가 좀 더 일찍 같은 방향을 보고 준비했다면 어땠을까 하는 아쉬움이 남는다. 나는 미처 몰랐다. 앞만 보고 달리다 보니 인생의 시간이 이렇게나 빠르게 흐를 줄을. 정신 차려 보니 어느새 우리는 은퇴한 부부가 되어 있었다.

그래도 다행인 건, 이제야 서로를 천천히 바라볼 시간이 생겼다는 것. 비로소 '우리'라는 긴 여행의 후반전을 준비할 기회가 주어진 셈이다.

남편은 이 시간을 '은퇴'라 부르지만, 나는 '리셋'이라 부르고 싶다. 착각이 깨질 때 비로소 보이는 현실이 있었고, 그 현실 속에서 또 다른 착각은 나를 움직이게 했다.

삶을 다시 시작하는 힘은 거창한 변화가 아니라, 서로의 착각과 현실을 끌어안고 하루를 함께 버텨내는 데서 온다.

착각의
그림자

　남편은 정년 후 집에서 여유를 누리기 시작했고, 그의 하루는 한결 느긋해졌다.

　아침마다 시계를 보며 뛰어나가던 사람이 팔짱을 끼고 집 안을 어슬렁거리는 모습은 한동안 신선했었다. 그가 꿈꾸던 '조용한 노후'가 이런 모습이겠거니 생각하며, 그저 행복하기를 바랐다.

　하지만 은퇴 후에는 돈이 많이 필요 없다는 남편의 말과 달리, 현실은 다른 이야기를 들려주었다. 게다가 사람은 편안함이 오래되면 오히려 불안해지는 존재다.

　남편은 자신에게 생길 심리적·경제적 공백을 제대로 예측하지 못하고 '쉬는 것'만이 정답이라 믿으며 스스로를 그 상황에 놓았다.

　그러나 편안함은 곧 해이함으로, 해이함은 '새로운 자극'을 찾는 마음으로 이어졌다.

그러던 어느 날, 드라마나 뉴스에서나 보던 단어가 남편의 입에 오르내리기 시작했다.

어떤 '고수익을 약속하는 단체방' 이야기.

평소 카톡 확인도 잘 안 하던 남편이 휴대폰을 이용해 그 방에 들어갔다는 말에 나는 불안감이 밀려왔다.

처음 며칠은 누군가가 미끼를 던지듯 '수익이 나는 맛'을 보여준다던데, 남편도 그 달콤함을 이미 맛본 듯

"앞으로는 내가 가계에 보탬이 될 수 있을 것 같아." 하고 말했다.

어깨에 힘이 들어간 그 말엔 가족을 위해 뭔가 해보고 싶은 마음이 담겨 있었다.

그러나 시간이 흐르자 걱정했던 일들이 하나둘 눈앞에 드러나기 시작했다. 남편은 밥을 먹을 때도, TV를 볼 때도, 심지어 잠자리에 들기 직전까지도 눈이 퀭해지도록 휴대폰 화면만 뚫어져라 들여다봤다. 그 작은 화면은 단순한 기기가 아니라 황금빛 신호를 알려주는 비밀 통로처럼, 숨겨진 보물을 찾듯 한순간도 손에서 놓지 못하게 했다.

남편의 모습을 지켜보는 내내, 나는 뭔가 크게 잘못되고 있음을 직감했다. 집안의 공기 역시 점점 짓눌리듯 무거워졌다. 아무리 만류해도 남편은 내 말을 더 이상 듣지 않았다. 주식 투자로 아버지와 나 사

이가 한 번 상처를 입고 난 뒤라, 이 침묵의 방향이 나는 더없이 무서웠다.

결국, 보다 못한 딸이 나섰다.

"아빠, 이런 건 위험해요. 제발 하지 마세요."

사위도 걱정했다.

"아버님, 이런 데 빠지면 큰일 납니다."

내 하소연에 보다 못한 친구까지 당부했지만, 그 누구의 말도 남편의 두터운 착각을 깨뜨리지 못했다.

그의 눈빛은 오직 한마디를 웅변하고 있었다.

'나는 달라.'

그 말은 그전까지는 내게 가장 희망적인 확신이었다.

어떤 일을 시작하든 '나는 달라'라는 믿음은 언제나 나를 지켜주는 든든한 힘이었으니까.

하지만 그날만큼은, 그 말이 깊고 검은 구렁텅이처럼 느껴졌다.

착각이 이렇게 무서울 수 있다는 것을 그때 처음 뼈저리게 지켜봤다.

그 방은 남편에게

"조금만 더 하면 큰돈을 벌 수 있다"는 달콤한 환상을 속삭였던 모양이다. 정년 후의 허전함과 상실감을 파고들기에, 그보다 매혹적인 미끼는 없었을 것이다.

처음엔 적은 금액이었다. 그러나 "이번만 더 하면 수익이 더 오른다"는 말에 남편은 가지고 있던 비상금을 모두 넣어버렸다.

방을 운영하던 사람은 정체를 알 수 없는 존재들을 미끼로 남편의 마음을 흔들었고, 남편은 자신도 곧 그들과 같은 능력을 갖게 되리라 착각했던 듯하다.

결국 예감은 틀리지 않았다. 남편만 빼고 모두가 알았듯이 그는 비상금 전부를 잃었다.

우리의 의심을 끝까지 부정했던 남편은, 믿었던 그 방 운영자에게 마지막 잔액마저도 돌려받지 못한 채 쓸쓸히 그 방에서 빠져나왔다.

그 사건은 '인생 한방'이라는 덧없는 착각 속에서 정말로, 한방에 막을 내렸다.

어느 해인가 남편의 신년 토정비결에서 보았던 한 문장이 떠올랐다. "이 사람은 몰래 모은 비상금도 자신을 위해 한 푼도 쓰지 못한다."
설마 했던 말이 이런 방식으로 맞아떨어질 줄이야.

남편이 어두운 착각 속에 가라앉는 모습을 지켜보며 나 역시 괴롭고 힘겨운 시간을 견뎌야 했고, 그 시간을 지나 뼈아프게 깨달았다.

밝은 착각은 사람을 살리기도 한다. 가벼운 용기, 귀여운 희망, 삶의 무게를 덜어내는 낙관은 지친 누군가를 다시 일으키는 힘이 된다.

하지만 검은 착각은 사람을 쓰러뜨린다. 살다 보면 특히 마음이 약해져 있을 때 내 상처 난 자리, 비어 있는 자리, 자신 없는 틈을 파고드는 착각들이 있다.

'나만은 다를 거라'는 위험한 확신, 현실을 부정하는 고집, 허황된 꿈에 자신을 기대는 마음.

그런 착각은 광기가 되고, 어둠이 되고, 한 사람의 삶을 깊게 흔들 수 있다.

나는 그날 착각의 두 얼굴을 배웠다.

검은 착각의 시작은 늘 마음의 틈이었다. 그래서 나는 이제 그 틈을 채우려고 애쓰기보다 그 틈을 인정하고 돌보려 한다. 착각의 그림자는 마음의 외로움에서 자란다는 걸 그때 확인했기 때문이다.

착각은
빛이 될 수도, 그림자가 될 수도 있다.

유산으로 받은
머리털

한밤중, 꿈속에 시아버님이 나타나셨다.

한 손엔 집문서를, 다른 손엔 머리카락을 들고서 물으셨다.

"유산으로 무얼 받을 테냐!" 우리는 무릎을 꿇고, 두 손을 번쩍 들며 외쳤다. "머리털을 주십시오!"

그래서일까, 남편의 머리는 또래들보다 숱이 많고, 흰머리조차 거의 없다. 염색 한번 하지 않았는데도 손녀의 친구들이 "할아버지가 아니고 아저씨 아니에요?" 하면 남편은 겁나(?) 좋아한다.

하지만 그 귀한 유산은 매일 나를 괴롭힌다. 아침마다 침구 위에 널브러진 짧은 털, 소파 등받이 위에 소복이 쌓인 털, 세면대며 러그 위에도 야무지게 자리 잡은 털. 온 집안이 남편의 머리털로 가득하다. 청소하다 귀찮아지면 속으로 중얼거린다.

'그 귀한 유산, 그냥 포기할 걸 그랬나? 차라리 대머리를 택하고 집문서를 받을걸.'

결혼을 준비하던 시절, 시부모님은 말씀하셨다.

"자식들은 모두 집 한 채씩 해줄 테니, 너무 아등바등 살지 마라."

남편은 삼 남매의 장남이었다. 그 말씀이 보이지 않는 힘이 되었다.

나는 사치를 즐기지도 않고 아이들을 키우며 알뜰히 살아왔다고 자부했다. 남편의 월급과 내 부업으로 생활에는 큰 부족함이 없었지만, 집을 장만하고, 대출을 갚고, 아이들 교육비를 감당하기엔 늘 빠듯했다. 하지만 시댁의 경제적 도움 없이도 우리는 묵묵히 살아왔다.

그래도 내 마음속엔 며느리인 나까지 따뜻하게 품어주던 시어머님의 사랑이 자리하고 있었다. 어머님은 자식 사랑이 소문날 만큼 지극한 분이었다. 잔소리를 아끼며 온몸으로 자식들을 보살피셨고, 김치며 밑반찬을 손수 챙겨 보내주시고, 도움이 필요할 때면 언제든 달려와 주셨다.

그러던 어머님이 갑작스레 세상을 떠나셨다. 빈자리는 너무 컸고, 집안의 중심이 한순간에 무너져 내렸다. 나를 살뜰히 챙겨주시던 어머님이 안 계시니, 며느리의 자리가 참 외롭고 버겁게 느껴졌다.

어머님이 떠나신 뒤, 시아버님은 재혼하셨는데 우리는 아버님의 선택을 존중했다. '당신의 인생이니, 당신의 뜻대로'

재혼 후 아버님은 새 가정으로 얻은 손자를 위해 값비싼 사립 유치

   유쾌한 착각 여왕

원비도 아낌없이 지원하셨고, 세계 곳곳을 여행하며 누구보다 즐겁고 여유로운 노년을 보내셨다.

그렇게 지내던 어느 날, 아버님이 내게 이렇게 말씀하셨다.
"너는 알뜰하니까 내가 걱정이 안 된다." 그 한마디를 남기시고 지어 주겠다던 집은 꿀꺽 삼켜 버리셨다. 마지막 가시는 길에는 부동산과 통장까지, 십 원 하나도 남기지 않고 새 부인에게 모두 넘기고 떠나셨다.

어차피, 처음부터 우리 것이 아니었으니 기대하지 않았다 해도, 서운하지 않았던 건 아니다. 부모님의 도움으로 여유롭게 노후를 준비하는 친구들을 보면 솔직히 부럽기도 하다. 하지만 어쩌겠는가. 그것이 우리의 몫이라면 결국 우리는 스스로의 길을 걸어야 한다.
땀 흘려 얻은 것 만이 진짜 우리 것이다. 그렇게 쌓아온 것들이 크지는 않아도 단단한 우리 것이다. 우리의 아이들도 그런 우리를 보며 스스로 살아가는 자세를 자연스레 배웠다.
그것이면 충분하다. 감사하다.

아버님이 돌아가신 후, 그분의 경제력을 잘 알던 남편의 친구들이 장난스럽게 물었다.
"얼마나 받았어?"

남편이 그 질문에 대답을 머뭇거릴 때마다 나는 슬며시 웃음이 난다. 금전적 유산은 딱히 받은 게 없지만, 내 맘대로 챙긴 게 하나 있긴 하다. 아버님의 머리숱을 물려받은 남편의 머리털. 그렇게 챙겨 받은 유산 덕분에 요즘 우리 집엔 머리카락이 넘쳐난다. 청소하다 심술이 날 때나, 남편이 말 안 듣고 버럭 댈 때면 그 머리털을 몽땅 뽑아버리고 싶은 충동이 들기도 한다. 그래도 귀한 유산을 탕진할 순 없으니 내가 참아야겠지.

살다 보면 누구나 마음속에 작은 기대 하나쯤 품고 산다. 우리도 그랬다. 말하지 않아도 언젠가는 주어질 것만 같았던 것들, 누군가의 한마디에 은근히 기대어버린 순간들.

시간이 흐르자, 그 기대가 전부 현실이 되는 건 아니었지만 그렇다고 흔적 없이 사라진 것도 아니었다. 기대가 깨질 때마다 조금씩 단단해졌고, 결국 우리 힘으로 살아낸 이 삶이 마음 어딘가에 잔잔한 자신감으로 남았다.

그래서 요즘은 이렇게 생각한다. 남편의 풍성한 머리털이든, 우리가 손으로 돌보고 쌓아온 작은 살림이든, 결국 지금 우리 곁에 남아 있는 것들이 진짜 유산이 아닐까 하고.

인생은 뜻대로 흐르지 않아도, 그래도 웃으며 하루를 넘길 힘은 그렇게 조금씩 생겨나는 것인지 모른다.

 유쾌한 착각 여왕

아끼다
똥 된다

'아끼다 똥 된다'는 속담이 있다.

내게는 그 말이 삶 속에서 참 많이도 체험한 생활 속 진리다.

어릴 적에 예쁜 지우개를 아끼느라 책상 속 서랍에 고이 모셔두곤 했는데, 어느새 눌어붙어 써 보지도 못하고 버렸던 적이 많다. 대학 시절엔 좋아하는 분홍 구두를 아껴 신겠다며 신지 않고 두었다가, 고무 굽이 삭아 내려앉는 바람에 제대로 신어보지도 못하고 버리기도 했다.

과자도 마찬가지였다. 가장 맛있는 건 아껴두고, 맛이 덜한 과자부터 먹다가 결국 남 좋은 일이 되기 일쑤였다. 이 외에도, 아끼다가 똥을 만들어버린 게 많이 있었지만, 그중 감정도 아끼다 보면 똥이 된다는 걸 뒤늦게 깨달았다.

장녀로 태어나 '고지식, 정직, 까탈이' 키워드인 나는, 늘 맡은 책임을 완수하는 데 급급했다. 그러다 보니 애교 같은 건 키우지를 못했다. 시간이 지나면서 그런 성격이 감정적으로 꽤 손해라는 걸 느끼고는 고치고 싶었지만, 고집이 있으니 그게 또 쉽지가 않았다.

결혼 전엔 나 좋다는 남편 덕에 공주처럼 지냈으니 굳이 애교가 필요 없었고, 신혼에야 남편이 더 귀여움을 떨었으니, 감정을 표현하는 법을 배울 기회가 없었다. 그러다 아이가 태어나고 아이들을 돌보느라 늘 지치고 피곤한 나날이 이어지면서, 감정은 뒷전으로 밀려났다.

그렇게 오랜 시간 표현하지 못한 사랑도, 고마움도, 서운한 마음들도 그저 묵묵히 마음속에 묻어두는 것이 익숙해졌고, 어느새 딱딱하게 굳어버린 지금의 나를 만들었다. 그렇게 굳을 대로 굳어버린 두 사람이 함께 있으니 집 안의 공기가 그렇게나 삭막할 수가 없다.

예쁜 딸들은 모두 제 보금자리를 꾸려 떠났고, 하루에도 수십 번씩 "사랑해"를 외쳐대는 손녀는 오후에나 만날 수 있으니, 대부분의 시간은 하루 종일 남편과 둘이서만 있게 된다. 우리 부부는 괜히 말씨름이라도 붙을까 봐 서로 눈치를 살피며 말을 아낀다.

말 한마디 잘못 꺼냈다가는, 남편이 "내가 귀먹었니? 목소리가 왜 그리 커" 하면 나도 지지 않고 "말투는 또 왜 그래? 나한테 불만 있어?"로 번지기 일쑤니, 조심 또 조심한다.

그렇게 마늘 냄새만 진동하는 집안에서 '입꾹이' 둘이서 무엇을 위해 살아가는지 허무함이 밀려올 때도 있다. 그래도 인생 끝까지 함께 갈 전우이니, 지금부터라도 잘해보려고 마음을 고쳐먹는다. 표현해 보자. 일단, 호칭부터 신경 써보자.

'여보'는 왠지 닭살 같아 여태 한 번도 못 불러봤고, '오빠'는 우리 세대 때는 호프집 아가씨들이 쓰는 말 같아서, 모두 '형'이라고 불렀다. 그마저도 손녀가 태어난 뒤로는 자연스레 할아버지로 굳어졌다.

지금도 급하게 남편을 부를 때 무심코 "형"이 튀어나오면 손녀가 바로 브레이크다. "할미가 남자예요? 형이 아니고 오빠라고 해야지" 아무래도 자기 엄마가 아빠를 '오빠'라 부르는 걸 보고, 그게 당연한 줄 아는 모양이다.

허허. 그렇다면 이참에 연습 좀 해보자. 남자들은 애교를 좋아한댔지. 남편도 애교가 좋다 했었다. 아자아자! 혼자 기합부터 넣고 기회를 살핀다. 오늘 아침, 나의 모닝커피를 사 들고 들어오는 남편을 향해 이때다 싶어 콧소리를 얹어봤다. "오빠~ 고마워요~ "

그런데 웬걸. 남편은 좋아하기는커녕 귀신이라도 본 듯한 얼굴로 말했다.

"왜 그러니?"

거봐. 애교도 꾸준히 길러야 자연스럽다. '아끼다 똥 된다'더니 딱 이럴 때 쓰는 거겠지.

오늘은 어색했지만, 내일은 오늘보다 조금 더 자연스러울 것이다.

사랑도, 애교도, 표현도, 오래 묵혀둘수록 굳어버린다는 사실을 이제야 조심스레 배워간다.

어색해도, 서툴러도 괜찮다. 그동안 차곡차곡 쌓아두기만 했던 마음을 이제는 닳아 없어질 만큼 자주 꺼내어 나누고 싶다.

나는 오랫동안 감정을 아끼는 것이 성숙함이고 단단함이라 착각하며 살아왔다. 그러나 늦게서야 깨닫는다.

감정은 아끼는 것이 아니라 써야만 비로소 온기가 되는 것임을…….

그래서 나는 말을 아끼던 '입꾹이'의 시간을 접고, 말 많고 사랑 많은 '표현 부자'의 인생으로 건너가려 한다.

똥 되기 전에 꺼내자, 이 마음.
이왕이면 부드럽고, 따뜻하고, 향기롭게!

  유쾌한 착각 여왕

팔랑귀 남편의
건강 소동

아침부터 온 집안에 쌉싸름한 생마늘 냄새가 진동한다. 에잇, 이번에 또 생마늘인가 보다. 우리 집 팔랑귀 남편은 요즘 유튜브에 푹 빠져 있다. 정보의 홍수 속에서 건강에 좋다는 건 가리지 않고 다 따라 한다.

인진 쑥, 강황 가루, 올리브 오일, 토마토, 땅콩, 땅콩 버터와 사과, 생강, 양배추, 브로콜리, 꿀, 오미자, 겨우살이, 귀리, 감자, 고구마 등 종류도 가지가지라 일일이 기억조차 다 못한다.

좋은 걸 먹는다는데 누가 말릴까. 적당히 챙겨 먹으면 될 것을 무더기로 쟁여놓고, 약처럼 먹는 게 문제다. 넘침이 부족함보다 못하다고 얘기해도, 들은 체도 하지 않는다. 구연산이랑 베이킹 소다까지 사달라고 했을 땐 기가 막혔다. '아니, 이젠 하다 하다 청소용품까지 먹겠다는 건가!'

그런데 또 다른 문제는 이 팔랑거림이 오래가지 않는다는 것이다. 한두 달 먹고 나면 언제 찾았냐는 듯이 시들해지고, 또 다른 팔랑 아이템을 찾아 떠난다. 싱크대 위에 줄줄이 늘어선 병, 냉동실엔 반쯤 남은 온갖 가루들. 냉장고에 들어찬 먹다 남은 덩이들. 강황 가루에 꽂혔을 땐, 하얀 싱크대 위에 매일 노란 얼룩을 남겼다. 닦아도 닦아도 빠지지 않는 얼룩을.

보기와는 달리, 나는 이래 봬도 '공간의 미학'을 추구하는 사람이다. 예전부터 깔끔하고 단정한 공간에서 머무는 걸 좋아했다. 그래서 집 안 곳곳을 정리하고 꾸미는 걸 좋아한다. 그런데, 주방에 어수선하게 늘어선 가루 병들이나 지워지지 않는 얼룩들이 내 살림에 오점처럼 남아, 내 기분까지 흐려버린다.

게다가 나는 개코라 냄새에 아주 예민하다.
그런 나에게 남편의 '건강식품 실험'은 그야말로 눈과 코를 동시에 공격하고, 내 공간을 파괴하는 불량한 침입이다.

연애할 땐 남편이 '폭싹 속았수다' 드라마 주인공인 관식이 같은 든든한 사람이라 믿었다. 그러나 결혼하고 보니, 그는 세상 바람에 가장 먼저 흔들리는 팔랑귀였다.

그럴 때면 수십 년 전, 사립 초등학교 1학년 시절의 남자 짝꿍이 떠오른다. 아침 자습 시간, 칠판에 적힌 문제를 풀다 보면 스멀스멀 김치 냄새가 풍겨왔다. 옆으로 고개를 홱 돌려보면, 아니나 다를까.

글씨쓰기에 열중한 짝꿍의 입이 반쯤 벌어져 있었다. 아침에 김치를 먹고 온 게 분명했다. 입가에는 깨끗이 닦이지 않은 김치 자국이 이미 벌겋게 물들어있었다.

"야! 입 좀 다물고 써. 김치 냄새 나잖아!"

앙칼지게 쏘아붙이는 내 잔소리에 짝꿍은 급히 입을 꾹 닫았다. 그러나 잠시 후 또 냄새가 퍼지고, 나는 또 잔소리를 했다.

번번이 반복되는 내 성질에도, 관식이처럼 묵묵히 참아주던 짝꿍이었다. 다른 남자아이들처럼 짓궂지도 않았고, 뭐든지 나 먼저 하라고 양보해 주던 착한 친구였다.

남의 집 귀한 막내아들을 날마다 구박한 벌일까. 오늘의 나는 남편의 공격을 받으며 그 짝꿍을 떠 올린다. 그땐 내가 미안했다. 그때 성질 좀 덜 부리고 착하게 굴었더라면 관식이 같은 남편을 만났으려나.

어릴 때부터 덕을 쌓았어야 했는데, 나이 들어 급히 착해지려니 여러 부작용이 나타나는구나.

쓸데없이 만감이 교차하는 이 아침에도, 나는 생마늘 냄새에 눈살을 찌푸리며 창문을 열고 룸 스프레이를 뿌린다. 그리고는, 아침에 먹는 블루베리가 좋다며 눈치 보는 남편에게 정확히 스무 알을 세어 접시에 내어준다.

말을 안 해도 알고 있다. 그 팔랑거림 속엔 서로에게 짐이 되지 않으려는 작은 바람이 숨어 있다는 것을. 그래서 오늘도 나는 싱크대의 얼룩을 닦고, 어지럽게 늘어선 가루 병들을 정리한다. 그리곤 짝꿍처럼 입을 꾹 다물고 참아본다.

인생의 향기는, 원래 좀 진한 법이니까.

유쾌한 착각 여왕

콩깍지가 벗겨진
자리

어제저녁, 팔랑귀 남편이 또 유튜브에서 들었는지 이제부터는 샤워할 때 등솔을 써야겠다고 말한다. 내가 쓰라고 할 땐 들은 척도 안 하더니 남이 말하니까 들렸나 보다. 나는 이미 오래전부터 쓰고 있던 터라 대수롭지 않게 대꾸했다.

"욕실에 있잖아."

잠시 후 샤워하러 들어간 남편이 문을 벌컥 열며 외쳤다.

"이거 등솔 맞아?"

몇 년째 타월 걸이 옆에 걸려 있는 등솔을 설마 못 찾을까 싶었지만, 혹시나 싶어 고개를 돌려보니 남편이 흔들며 들고 있는 건 변기 옆 구석에 짱 박아둔 변기 솔이었다.

그 모습을 보자, 기가 막히고 코도 막혔다. 순간 심술이 슬며시 올라왔다.

'그래, 그걸로 씻으라고 해버릴까? 그동안의 밉상 짓을 한 방에 갚아줄 절호의 기회인데' 잠시 갈등했다.

왜 늘 쓰는 타월 옆의 등 솔은 안 보이고, 조심스레 숨겨둔 변기 솔만 귀신같이 찾아내는 걸까? 집안의 커다란 가구 자리가 바뀌는 건 못 알아차려도, 손녀가 남기고 간 과자 봉지는 어찌 그리도 잘 찾아내는지. 정말 이 남자 화성에서 왔나? 화성 남자의 능력은 참으로 신통방통하게 쓸데가 없다.

결국 나는 오늘도 '눈에는 안 보이고 코에는 다 보이는' 이 남자의 허술함 때문에 분주하다.

하지만 그런 엉뚱한 구석 덕분에 하루에 몇 번은 피식 웃고, 몇 번은 한숨 쉬며 그렇게 살아간다. 같은 잔소리를 하고, 같은 실수를 보고, 결국은 같이 늙어 가는 일상. 어쩌면 그게 다행인지도 모른다.

물론 연애 시절엔 달랐다. 얼마나 다정하던지, 저 하늘의 별도 따 달랄 뻔했다. 그러나 결혼하고 딱 7년쯤 지나자, 콩깍지는 슬그머니 벗겨지고 권태기가 밀려왔다. 그때부터 보이지 않던 것들이 하나둘 눈에 거슬리기 시작했고 챙겨주는 마음은 줄어들었다.

그래도 딸 둘을 낳고, 울고 웃으며 여기까지 함께 왔다. 은퇴 후 하루 종일 붙어 지내다 보니, 감정을 곱게 다스리는 게 그야말로 '체험

삶의 현장'이다.

남들이 보기엔 평화로운 부부의 외출이지만, 그 속에는 보이지 않는 신경전이 잔뜩 숨어 있다. 오늘도 집 앞 슈퍼에 장 보러 나가며 또 한 번의 소소한 복수전이 벌어졌다.

남편은 요즘 이상한 버릇이 생겼다. 횡단보도 앞에서 함께 기다리다 내가 잠시 한눈을 팔면, 신호가 바뀌자마자 혼자 저벅저벅 건너간다. 뒤늦게 뛰어오는 나를 보며 저만치 앞서가는 게 그리 좋은가 보다. "건너자!" 한마디가 뭐 그리 어려운지.

가만히 당하고만 있을 수는 없지. 장을 보고 나오면, 내가 노리는 순간이 있다. 에스컬레이터 상행과 하행이 교차하는 그곳. 남편은 늘 헷갈려 반대 방향으로 돌아간다.

그렇다면 내가 할 일은?
그냥 재빨리 에스컬레이터를 타고 내려가면 된다. 잠시 후, 뒤에서 들려오는 뚜벅뚜벅 뛰어오는 발소리. 나도 "내려가자!" 그 한마디가 그렇게나 어렵더라. 나는 속으로 외친다. '오늘은 내가 이겼다!'

남들이 보기엔 그저 같이 장 보러 나온 중년 부부. 하지만 사실은 매일 골탕 점수 계산하는 치열하고도 유치한 부부 콤비이다. 승자는 짧은 통쾌함을, 패자는 묘하게 얄미운 미소를 얻는다. 이 소소한 복수전은 내일도 계속된다. 그것이 어느새 우리의 동력이 되어버렸으니까.

아마 내일은, 카레 집에서 식사하고 일회용 앞치마를 두르고 다니는 남편을 보게 될지도 모른다. 그걸 벗는 걸 곧잘 깜빡하는 남편. 나풀거리지 않게 천천히 걸으며, 최대한 들키지 않게 그와 함께 걸어 다녀야지. 야호.

참 신기하다. 변기 솔 하나, 앞치마 하나가 오늘을 웃음으로 끝내게 한다니. 크고 특별한 이벤트가 없어도 우리는 그렇게 늙어 가고 있다. 어쩌면 이것이야말로 서로가 서로에게 주고받는 가장 유쾌한 사랑의 방식일 지도 모른다.

결국 부부란

이런 사소한 실수와 작은 복수 속에서도 다시 웃고, 같은 잔소리를 반복하면서도 또 같이 걷는 사람들이라고 생각한다. 늘 같은 실수를 반복해도 어김없이 곁을 지켜주는 사람.

그리고 이 평범한 일상이 우리를 단단하게 붙들어 주는 힘이 된다.

유쾌한 착각 여왕

하라는 대로만 하라고요,
좀!

손녀 방학 동안의 일이다.

딸 부부가 출근하기 전에 나는 딸네 집으로 가서, 손녀가 일어나면 아침을 챙겨 먹이고 종일 함께 시간을 보냈다. 딸이 퇴근해 돌아오면 그제야 나도 우리 집으로 돌아와 비로소 해방이 되곤 했다.

손녀의 방학은 2주였다. 시원한 곳으로 나가자고 해도 싫다며, 집 안 놀이만 고집했다. 잠시도 쉬지 않는 손녀와 종일 집 안에서 둘이 보내는 한여름의 하루는 상쾌함과는 거리가 멀었다. 저녁 무렵이면 물먹은 하마처럼 축 늘어지고, 기분까지 짜내면 물이 나올 것만 같았다.

2주는 길다고도, 짧다고도 할 수 없는, 참으로 짜증이 나기 딱 좋은 기간이었다. 아무리 사랑하는 손녀와 함께여도, 습도에 약한 갱년기 할미에게 여름은 참으로 잔인하다. 손녀를 씻기고 나오면, 욕실의 습기를 머금은 내 반곱슬머리가 제멋대로 부풀어 오른다. 그 모습을 본 손녀가 한마디 했다.

"할미 머리, 아인슈타인 같아." 오늘도 뼈를 맞는다.

방학이 끝나갈 무렵, 캐나다 동생 집에 다녀온 할아버지가 돌아왔다. 아침부터 손녀에게 붙잡혀 있던 나는, '남타커'* 한 잔이 간절했다. 아직 8시도 되지 않은 이른 아침이라, 동네에서 문을 연 카페는 스타벅스뿐이었다. 나는 카페라떼를 좋아하지만, 스타벅스의 카페라떼는 싱거워 내 입맛이 아니다. 대신 샷이 더 들어가는 플랫 화이트를 숏 사이즈로 마신다. 그래서 스타벅스에서는 늘 플랫 화이트였다.

문제는 커피를 사 오는 일이었다. 손녀가 할미는 나가지 못하게 하니, 결국 할아버지가 사오겠다며 나섰다. 그런데 그 주문을 제대로 해 올까 싶어 마음이 불안했다. 평소에도 패스트푸드점이나 카페에서 주문은 늘 내 몫이었다. 그래도 믿어보자는 마음으로 포스트잇에 주문을 한 글자 한 글자 적어 건넸다.

'플랫 화이트, 숏 사이즈. 바닐라 시럽은 빼고요.'

꼭 이대로만 말하라며 몇 번이나 당부했다. 하지만 말을 잘 들으면 우리집 하라방이 아니다. 캐나다에서 막 돌아온 할아버지는 스타벅스에 가서 호기롭게 캐나다에서 주문하듯이 외쳤단다.

---

* 남타커 : 남이 타주는 커피

  유쾌한 착각 여왕

“원 숏 플랫 화이트, 시럽 빼고요.”

그리하여 할아버지가 손에 들고 온 건 샷이 하나만 들어간, 우유 빛깔 플랫 화이트였다. 원 샷을 넣어달라는 주문으로 들은 매니저가 커피를 저렇게 만들어 준 것이다.

아, 아침부터 화가 난다. 사랑하는 손녀도, 말을 잘 안 듣는 하라방도, 이 무더운 여름도 결국은 내가 감당해야 할 몫이다. 그렇다고 커피까지 망해버리면 나는 도대체 뭘로 버티라는 걸까?

사실 커피만의 문제는 아니었다. 집안일도, 건강도, 생활 습관까지 하라는 대로는 도무지 못 하는 사람이다.
아내 말을 잘 들으면 자다가도 떡이 생긴다는데, 우리 집 남편은 평생 그 놈의 떡과는 인연이 없었다.

‘커피만은 제발 하라는 대로 해주겠지’ 하는 나의 작은 기대가 가장 슬픈 착각이 되고 말았다.

그래도 커피만큼은, 제발 하라는 대로 해주면 좋겠다.
떡은 못 챙겨도, 커피 한 잔은 챙겨줄 수 있지 않은가!

웰컴,
여성 호르몬

남편은 씻고 나오면 피부가 끈적거린다며, 기초 화장품은 커녕 나갈 때조차 선크림도 바르지 않는 사람이다. 그렇게 거무튀튀한 피부로 묵묵히 중년을 넘기던 어느 날, 얼마 전부터 갑자기 레티놀에 푹 빠졌다. 팔자 주름이 깊어졌다는 이유였다. 역시 유튜브 팔랑귀답게 어디서 주워들은 모양이다.

나는 시큰둥하게 넘겼는데, 어느 날 아침 남편이 핸드폰을 코앞에 들이밀었다. 마음이 간절했던지 안경처럼 씌울 기세였다.

"잠깐만"하고 겨우 밀어내고서야 또렷하게 보였다. 화면에는 '레티놀 세럼'이라는 글자가 떠 있었다.

가격은 만 오천 원대. 그런데 남편은 십오만 원어치 효과가 있다며 온갖 선전을 늘어놓았다. 말이 되나. 요즘 시술로도 안 펴진다는 굵은 팔자 주름이 세럼 한두 통으로 펴진다니.

무시하고 싶었지만, 비싸지도 않은 걸 안 사준다고 또 싸우기 싫어서 떡 하나 주는 마음으로 바로 주문을 눌렀다.

며칠 뒤 배송이 오자마자 남편은 스포이드 뚜껑으로 세럼을 한두 방울 짜서 팔자 주름에 정성스레 펴 발랐다.

'꽤나 젊어지고 싶은가 보다' 싶었다.

그런데 문제는, 효과가 있냐 없냐가 아니었다. 이 세럼의 색깔이 빨 갛다는 거다. 저녁마다 씻고 나온 남편이 팔자 주름에 붉은 세럼을 바 르고 나타나면 꼭 불타오르는 고구마 같았다.

자고 나면 하얀 베개와 이불에 붉은 얼룩이 군데군데 번져 있다. 온 집안 침구를 하얀색만 고집하는 나로서는 속이 부글부글 끓었다. 모 두 벗겨내 세탁을 해도 안 지워진다. 정말 속 터진다!

결국 아무 효과도 못 보고 침구만 얼룩투성이로 만들어 놓은 그 세 럼은 잔소리 한 바가지를 듣고는 사라지는 듯했다.

그런데 얼마 뒤, 손녀 돌봄을 마치고 집에 가려던 찰나 큰딸이 화장 품 하나를 내밀었다.

"엄마, 미국에서 사 온 레티놀이에요."

그 순간, 현관문을 열고 있던 남편은 "레티놀이라고?" 하고 반색하 며 쏜살같이 낚아챘다.

동작이 어찌나 재빠르던지, 딸과 나는 동시에 웃음을 터뜨렸다.

아직도 레티놀에 대한 열광은 사그라들지 않은 모양이다. 나이가 들면 남성에게도 여성 호르몬이 찾아온다기에, 버럭 대는 성질머리가 조금은 누그러지길 바라며 그날이 오기만을 목이 빠지게 기다려 왔다.

혹시, 이게 바로 그 전조 증상일까?

결국 레티놀의 진짜 효과는 주름이 아니라, 버럭 대는 남편을 다시 '귀여운 사람'으로 보게 만드는 나의 착각 필터인지도 모른다.

앞으로, 남편이 레티놀을 듬뿍 바르고 새끼손가락 세워 찻잔을 들고 호로록거려도 괜찮다. 드라마를 보다가 훌쩍거려도 다 받아줄 테고, 화장품을 사달라고 조르더라도 사줄 생각이다.

그러니 이제는 좀 덜 버럭 대고, 말도 살살 건네주고, 내 농담에도 조금만 더 크게 웃어주고, 가끔은 먼저 "수고했어" 하며 토닥여주기를……. 제발, 좀 귀엽게.

젊은 날 순했던 남편은 세월의 고단함에 버럭이가 되었지만 이제는 돌아와 거울 앞에 선 말랑말랑한 할아버지가 되기를 소망한다.

어서 오라, 여성 호르몬이여!
부디 남편에게로!

1+1
인생

　장을 보러 나가면, 유통기한이 임박한 식품이나 몇 개 남지 않은 떨이 상품들이 넙적한 테이프로 칭칭 감겨 두 개씩 붙어 있는 모습을 자주 본다. 신제품에 밀려나는 구형 제품들도 가격을 할인하거나 '1+1' 묶음으로 진열대에 놓이곤 한다.

　남편이 은퇴한 뒤로는 특별한 일이 없는 한 둘이서 늘 붙어 다니게 되었다. 이사 온 지 몇 년 되지 않은 이곳에는 친구들도 멀리 있어, 더더욱 그럴 수밖에 없다. 가끔은, 이게 바로 내가 두려워했던 '1+1 인생'이 아닐까 싶어 씁쓸한 웃음이 나기도 했다. 혹시 남들이 보기엔 신제품에 밀려난, 영 아름답지 않은 떨이 묶음일까 싶어서.

　장을 볼 때 우리 부부의 역할은 분명하다. 나는 셀프 계산대에서 바코드를 찍고, 남편은 옆에서 장바구니에 담는다. 그래야 뒤에서 기다리는 사람들에게 자리를 빨리 내주고, 동작 빠른 젊은이들의 속도에도 뒤처지지 않는다.

핸드폰 약정 설명을 들을 때도 마찬가지다. 각자 0.6과 0.4쯤 알아듣고 합쳐야 겨우 한 사람 몫인 1이 된다. 물론 그나마 나은 0.6은 내 쪽이다. 식당이나 카페의 키오스크 앞에서도 둘의 머리가 부딪칠 만큼 가까이 모여 네 개의 눈동자가 바쁘게 움직여야 비로소 주문에 성공한다.

게다가 나는 수십 년째 장롱면허인 길치로, 어디를 행차하려면 남편의 도움이 절대적으로 필요하다. 오늘도 문화센터 수업에 남편이 태워다 주고 시간 반을 기다렸다가 같이 집으로 왔다.

상태가 이러니, 좋든 싫든 선택의 여지 없이 우리는 늘 투닥거리면서도 붙어 다닌다.

눈에 보이지 않는 묶음 테이프로 칭칭 감긴 듯, 마치 1+1 상품처럼.

남편은 예전부터 할인 상품을 좋아했고, 말할 것도 없이 1+1을 반겼다. 정가로 가지런히 걸려있는 상품보다 간이 매대에 누워 있는 상품을 먼저 찾았다. 딸들과 나에게도 권하고, 때로는 은근히 강요하기도 했다. 그래서 우리의 쇼핑은 늘 '누워 있는 애들 중 괜찮은 애들'을 찾아다니는 여정이 되곤 했다.

그때는 그 모습이 못마땅했지만, 이제는 은퇴 생활 덕에 나도 묶음 상품을 보면 그렇게 반가울 수가 없다. 아꼈다는 뿌듯함에 '득템'의 즐거움까지 없어져, 장바구니에 담는 순간 어깨가 올라간다.

생각해 보면 우리 인생도 마찬가지다. 팔팔하고 신선했던 신제품의 시절은 지나, 이제는 '하나 더 묶여야' 겨우 시선이 머무는 시기에 들어섰다. 둘이 꼭 붙어 다녀야 정상 속도를 따라잡고, 서로의 부족함을 메우며 겨우 균형을 맞춘다. 좋아서라기보다는 어쩔 수 없어 붙어 다니게 된 세월이다.

요즘 이 지역에도 우리 또래 은퇴 부부가 부쩍 늘었다. 7년 전 처음 이사 올 때만 해도 중·노년층은 좀처럼 보기 어려웠는데, 이제는 어디를 가도 비슷한 얼굴들이 많이 보인다. 은퇴 후 여러 사정으로 서울을 떠나 인근 지역으로 옮겨오는 사람들이 많아진 탓일 것이다.

한국은 이미 평균수명 증가와 함께 고령화 사회를 넘어 '초고령 사회'에 들어섰다. 급속한 고령화는 복지, 의료, 일자리 등 사회 곳곳에 크고 작은 변화를 요구한다. 우리 부부 역시 그 변화의 한가운데에서, 비슷한 또래 이웃들과 조금은 느리지만 서로 기대며 살아가는 법을 배워간다.

결국 '덤'이든 '세트'이든, 둘이 함께라서 가능한 일이다. 어쩔 수 없이 시작했지만, 돌아보니 은근히 든든한 우리 집 1+1 세트. 젊고 반짝이던 시절은 저물었지만, 묶여 있어 더 빛나는 인생도 있다. 서로의 부족함을 메우며 비로소 우리라는 온전한 하나의 삶을 살아가는 기쁨. 그것은 혼자서는 절대 느낄 수 없었던 충만함이다.

장을 보러 가는 길목에서도, 셀프 계산대 앞에서 분업할 때도, 키오스크 앞에서 하나의 렌즈처럼 머리를 모아야 할 때도, 핸드폰 약정 설명을 반씩 나눠 듣고 고개를 끄덕일 때도, 분리배출 요일마다 재활용 쓰레기를 나눠서 들고 나설 때도, 우리는 서로에게 조금씩 기댄다.

그리고 깨닫는다.
어쩔 수 없이 묶인 줄 알았던 우리의 삶이 실은, 세상에 하나뿐인 완벽한 세트였음을.

알고 보니 우리 부부가 두려워했던 '묶임'은 단점이 아니라 착각이었다.
묶여 있어 더 빛나는 시절도 있다는 걸, 은퇴 후에서야 깨달았다.

    유쾌한 착각 여왕

2장

손녀랑 할미랑

" 언제까지나 계속될 줄 알았던 우리의 날들,

그 착각이 나를 울게 했다 "

다시 곰 인형을
안고서

부부란 서로 좋다는 마음 하나로 만나, 함께 살기로 약속한 사이다.

그래서 서로의 모난 점과 서툰 면을 받아들이며 살아가면 된다고 믿었다.

하지만 아이들은 다르다. 부모란 그들에게 선택이 아닌 운명처럼 주어진 존재다. 이십 대 중반의 어설픈 '우리'가 어느 날 갑자기 그들의 부모라는 자리에 서게 된 것이다.

아기가 생각할 힘이 있다고 가정하면, 세상에 처음 눈을 떴을 때 다음과 같은 의문을 가졌을 수도 있을 것이다.

'저 서툰 사람들이 정말 나를 지켜줄 수 있을까?'

나는 '좋은 아내'보다 '좋은 엄마'가 되고 싶은 욕심이 더 컸다.

매 순간 최선을 다했다고 말할 수는 없지만, 아이들을 생각하며 나름의 성심으로 살아왔다. 그러나 돌이켜보면, 내가 말하던 '좋음'의 기준이란 것도 결국 나에게 맞춘 잣대였을 것이다. 아이들의 마음속에도 정말 '좋은 엄마'였던 순간이 있었기를 그저 바랄 뿐이다.

이제 와 생각하면 '좋은 엄마', '좋은 아빠' 라는 단어가 그다지 중요한 것도 아닐지 모른다. 아이들에게 필요한 건 완벽한 '좋음'이 아니라, 그저 곁에 있는 '우리'였을 것이다.

결국 부모란 '좋은'이 아니라, 그냥 우리면 충분했다.

처음에는 아이를 낳는 일이 세상에서 가장 두렵고 고통스러운 것이라 여겼다. 그 고통만 지나면 곰 인형을 끌어안고 동화 같은 나날만 펼쳐질 줄 알았다. 참 순진한 착각이었다.

어린 시절, 나는 곰 인형이 말을 걸어오고, 밥을 먹고, 웃어주면 좋겠다는 상상을 하곤 했다. 그런데 그 상상 속 인형이 정말 아기가 되어 내 품에 온 것 같아, 신기하고 사랑스러웠다.

우유를 먹고 울고 웃는, 세상에서 가장 귀한 '살아 있는 인형'.

어린 엄마였던 나는 현실에서 마주하게 된 그 모든 순간이 황홀하기까지 했다.

그리고 금세 깨달았다. 출산의 고통보다 더 큰 산이 바로 육아라는 것을 말이다.

내 몸 하나 챙기기도 벅차던 시절, 나는 이제 끝까지 책임져야 할

생명을 돌보게 된 것이다. 그 무게는 온몸이 1.5 배쯤 불어난 듯한 압박으로 다가왔다.

'과연 내가 해낼 수 있을까?' 불안은 하루에도 몇 번씩 나를 흔들었다.

가장 쩔쩔맸던 순간은 아기에게 열이 났을 때였다.

해열제는 토해서 소용이 없었고, 결국 병원에서는 좌약을 권했다.

아기의 다리를 꼬아 잡고 작은 항문에 약을 넣는 일은 손이 떨릴 만큼 두려웠다. 남편과 번갈아 미루며 땀을 뻘뻘 흘리다가, 아기의 뜨거운 체온에 마음이 조급해져 좌약을 억지로 밀어 넣었다. 아기가 울면서 힘을 주자, 약이 다시 나오려 해 놀라서 아기의 엉덩이를 필사적으로 누르고 있던 기억이 지금도 생생하다.

지금처럼 인터넷 검색도, 스마트폰도 없던 시대였다.

또래 친구들 대부분이 결혼조차 하지 않았기에 조언을 들을 곳도 없었다. 약 하나에도 쩔쩔매던 어린 엄마는 그렇게 하루하루를 온몸으로 부딪히며 배워야 했다.

잠투정하며 울어대는 아이를 안고 베란다를 돌던 밤들,

이유식 한 숟가락을 더 먹이려고 두 시간씩 씨름하던 날들.

육아는 기쁨과 분노, 행복과 좌절이 한꺼번에 쏟아지는 전쟁 같았다.

그럼에도 마음 한 켠에는 늘 '그때 더 잘할 수 있었는데…….' 하는 아쉬움만 남았다. 좋은 엄마가 되고 싶었지만, 다짐은 늘 흔들리고 희미하게 사라져 버리곤 했다.

그러던 어느 날, 오래전 상상 속 곰 인형이 다시 나를 찾아왔다.

큰딸이 임신 소식을 전해온 것이다. 나는 주저 없이 손을 번쩍 들며 말했다.

"내가 도와줄게!"

완벽할 수 있다는 육아의 착각을, 어느새 나는 또 잊고 있었던 모양이다. 이번에는 예전의 후회까지 보완해, '완벽한 손녀 육아'를 해내겠다고 또 마음먹었다. 먼저 베이비시터 자격증에 도전했다. 온라인 강의를 신청하고, 책을 주문해 틈틈이 공부했다. 운전면허 시험 이후 OMR 카드에 칠하며 시험을 보는 것도 참 오랜만이었다.

어렵지 않은 시험이라 무사히 자격증을 받았다. 꼭 필요한 자격증은 아니었지만, 손녀 육아에 임하는 나의 각오를 보여주는 '표면적 첫걸음'이었다. 동시에, 혹시 모를 남편 은퇴 이후를 대비한 조심스러운 준비도 겸한 것이었다.

마침내 손녀를 품에 안았다. 작고 따뜻한 체온이 품에 스며드는 순간, 오래전 첫 아이를 안았던 기억이 겹쳐왔다. 이번에는 정말 더 잘하고 싶었다. 그래서 두 가지를 가장 마음에 새겼다.

하나는 '잘 먹이는 것', 다른 하나는 '참아주는 것'이었다.

큰딸은 어릴 적부터 먹는 데 관심이 없는 아이였다.

세상일엔 다 참견하고 호기심이 많았지만, 음식에는 도통 관심이 없어 늘 밥을 물고만 있는 아이였다. 먹이는 일이 가장 힘들었다.

그래서 손녀만큼은 먹는 즐거움을 아는 아이로 자라기를 바랬다.

그리고 두 번째. 젊은 엄마 시절의 나는 참을성이 부족했다.

아이의 마음을 들여다보기보다 나의 조급함을 먼저 앞세워 언성을 높이곤 했다. 그래서 이번에는 다짐했다. 손녀에게만큼은 다그치지 않고, 천천히 기다려 주는 할머니가 되자고.

지금 나는 다시 살아 있는 곰 인형과 함께 산다. 방긋 웃고, 옹알이를 하고, 기어다니며 나를 찾는 아이. 엄마였을 때는 조급함에 가려 놓쳐버린 순간들을, 이번에는 천천히, 깊게 바라보고 싶다.

좋은 할머니라는 완벽한 이름보다, 손녀에게 익숙하고 편안한 '우리 할미'로 기억되면 좋겠다. 완벽한 '좋음'이 아니라, 그저 '우리'로 남는 것이 가장 값진 사랑이라는 것을 이제는 안다.

'잠'
총량의 법칙

우리 집에 작은 생명체가 새로 합류했다. 엄마가 되었던 날의 기억이 아득하게 떠오를 만큼, 아기의 숨소리 하나에도 가슴이 간질거렸다.

육아휴직을 낸 큰딸이 집에 머물면서, 나와 작은딸, 산모는 팀을 이루어 아기를 안고 씻기고 먹이며 하루를 꽉 채워 보냈다.

산모의 미역국부터 집안 살림까지 정신없이 돌아갔는데, 주말마다 올라오는 사위의 식사 준비만큼은 사실 조금 부담스러웠다. 우리가 대충 먹던 그대로 대접할 수는 없으니 말이다. 다행히 작은딸의 든든한 도움과 적절한 '외식 찬스' 덕분에 그 시기를 한결 여유 있게 넘길 수 있었다.

신생아 시절, 새벽 수유가 이어지는 동안 아기 엄마는 아기를 품고 하루도 빠짐없이 새벽을 깼다. 해가 뜰 무렵 우리가 조심스레 아기를 넘겨받아야만 큰딸이 그제야 잠들 수 있었다.

그렇게 온 가족이 매달려 작은 곰 인형 같은 아기를 돌봤다.

눈만 깜빡이고, 젖 먹고, 자는 것밖에 모르는 작은 존재.

나는 그 아이를 품에 안고 먹이고 갈아주며, 하품하는 입에 코를 대고 작은 숨결의 냄새까지 맡곤 했다. 나와는 비교도 안 될 만큼 깊은 잠을 자는 아기를 보고 있으면, 그저 살아 있다는 사실만으로도 경이로웠다.

살아 있는 인형 같던 아기는 우리 가족에게 주어진 선물이었다. 한두 달이 지나자, 아기는 살이 통통하게 올라 품에 제법 묵직하게 안겼다.

그런데 어느 날 저녁부터 이유 없이 자지러지게 울기 시작했다. 내 아이 둘을 키울 때는 없던 일이라 더 당황스러웠다.

다음 날도, 그다음 날도 초저녁만 되면 울음을 터뜨렸다. 안아도 흔들어도 통하지 않았다. 아기의 울음소리보다, 내가 아무것도 해줄 수 없다는 무력감이 더 크게 다가왔다.

나흘째 되던 날, 같은 라인에 사는 이웃 소아과 의사 선생님께 도움을 청했다. 분홍 청진기로 아기를 살피던 친절한 선생님은 "영아 산통입니다. 배앓이예요" 라고 했다.

모유를 끊고 분유로 바꿔보라는 조언을 따르자, 놀랍게도 아기의 '저녁 공포'는 마침내 사라졌다. 그날 이후 우리는 무사히 저녁 시간을 넘길 수 있었다.

　　　　　　　　　　　　　　　　　　　　　　유쾌한 착각 여왕

세 달이 가까워지자, 큰딸은 복직했다.

문제는 그때부터였다. 밤중 육아 부담까지 우리 몫이 된 것이다.

나는 원래 잠귀가 밝아 아기의 쿵쿵, 낑낑, 움찔하는 작은 소리에도 쉽게 깨는 사람이다. 그래서 내 아이들을 키울 땐 방을 따로 두고 문을 열어둔 채 서로 바라보며 잠들곤 했다.

단 몇 시간이라도 깊게 자야 다음 날을 버틸 수 있었기 때문이다.

걱정이 많던 차에 작은딸이 나섰다.

"나는 잠들면 웬만해선 안 깨니까 아기는 내가 데리고 잘게요. 엄마는 밤에 푹 주무시고, 새벽에 깨면 그때부터 맡으세요."

그 든든한 말 한마디가 얼마나 고맙던지.

그날부터 작은딸은 손녀의 든든한 '나이트 메이트'가 되어주었다.

하지만 나에게는 또 다른 미션이 남아 있었다.

나는 저혈압이라 아침 기상이 몹시 힘든 사람이었다. 학창 시절, 아침마다 나를 깨우던 엄마는 화가 머리끝까지 솟아 "너는 잠 때문에 망할 거다" 라는 축복(?)을 쏟아주시곤 했다.

사회생활에 큰 미련을 두지 않았던 이유 중 하나는, 아마도 아침을 기피하는 본능 때문이었을 것이다. 다행히 내 아이들은 엄마의 체질을 일찌감치 파악했는지, 스스로 알아서 잘 자라주어 큰 어려움 없이 키울 수 있었다.

그런데 손녀는 달랐다. 새벽 여섯 시도 되기 전에 눈을 번쩍 뜨곤
했다. 예전 같으면 그 시간에 시어머니가 오셔도 못 일어나던 내가,
벌떡 일어나 손녀를 안고 거실로 나왔다.
작은딸이 조금이라도 더 잘 수 있도록…….
새근새근 잠든 작은딸을 보면, 고맙고 미안한 마음에 조금이라도
더 재우고 싶었다.

아기는 쪼그만 게 뭐가 그리 궁금한지, 꼭두새벽부터 세상 돌아가
는 일에 참여하고 싶었나 보다. 창밖 새 소리에도 눈을 크게 뜬다.
그렇게 손녀와 나는 이른 하루를 시작하며 뜻밖의 '아침형 인간'이
되었다.
평생 나란 사람은 아침형 인간과는 상관없을 줄 알았다.
그런데 내 인생의 가장 밝은 새벽은, 손녀 손에 이끌려 오고 있었다.
내가 아침형 인간이 될 수 있었던 건 물론 손녀의 영향이 컸다.
하지만 저혈압 증세가 완화된 것도 한몫한 듯하다. 옆에서 슬쩍슬
쩍 혈압을 올려주는 그분(?)과 갱년기의 힘까지 더해져, 이제는 오히
려 고혈압을 걱정해야 할 지경이니 말이다.

새벽마다 해맑은 손녀 얼굴을 마주하며, 잠이 덜 깬 나는 문득 생각

　유쾌한 착각 여왕

했다. 세상엔 '총량의 법칙'이 있다더니, 고3 시절에도 포기하지 않고 채워왔던 내 잠.

결국 내 몫의 잠은 다 써버린 게 아닐까?

하느님이 보시기에 "얘는 자도 너무 잤다" 싶으셨는지, 이렇게 새벽형 손녀를 특급 선물로 보내주신 건지도 모르겠다.

잠이 억울한 할미는 잠결에 쓸데없는 생각을 늘어놓으며 새벽 커피를 내린다.

이 하루도 너와 함께 시작한다.

두 번째 인생이 있다면 바로 이런 걸까?

너와 맞이하는 새벽은 매일 새로운 세상의 문을 열어준다.

그리고 이 새벽, 똘망똘망한 눈으로 나를 바라보는 손녀와 마주 앉아 조용히 커피잔을 들어 올린다.

"오늘을 위하여!"

할미, 빼!
얼른 삼켜!

손녀가 18개월쯤 되었을 무렵, 우리 집엔 하루에도 수십 번씩 울려 퍼지는 두 마디가 있었다.

바로 "할미, 빼!"와 "얼른 삼켜!"였다.

소파 위에선 안경을 사이에 둔 눈치 전쟁이, 식탁 위에선 먹이기 전쟁이 벌어졌다.

그 시절의 아침은 손녀의 눈치 살피기로 시작됐다.

뒤뚱뒤뚱 걷기 시작하고, 말도 조금씩 배우던 무렵 손녀가 가장 자주 외치던 말은 단연 "빼!"였다.

내가 소파에 앉아 돋보기안경을 쓰고 휴대전화를 들여다보기만 하면 그 작은 입이 커다랗게 열렸다. 안경을 벗으라는 명령이자, 하루 종일 자기에게서 눈을 떼지 말라는 요구였다.

물론 귀여웠다. 이보다 더 귀여울 수 있을까 싶었다.

동글동글한 몸매에 모난 곳이라고는 하나도 없는, 그야말로 '동글이 완전체'. 머리도 동글, 이마랑 코도 동글, 불쑥 나온 배도 동글, 손등과 발등까지 죄다 동그랗다.

까르르 웃을 땐 웃음소리마저 동글동글 굴러갔다.

하지만 속으론 종종 이렇게 중얼거렸다.

'그래, 그렇게 귀엽다고……. 그렇다고 하루 종일 너만 바라보라는 건 너무하잖니?'

나도 카톡도 하고, 세상 구경도 하며 살아야 하지 않겠나!

동글이로 시작해 동글이로 끝나는 하루 속에서 가끔은 세모도, 네모도 보고 싶은 법이다. 그러나 손녀는 언제나 단호했다.

눼눼~~ 자유 따원 없는 무수리의 시간이었다.

꼬마 상전이 잠시 장난감에 빠져 있는 틈을 타 나는 또 슬쩍 안경을 썼다. 그런데 어느새 눈치 백단 뒤뚱이가 또 소리친다.

"빼! 할미, 빼!"

부랴부랴 안경을 벗으며 은근 심술이 올라오던 찰나, 마침 퇴근한 할아버지가 현관으로 들어왔다. 그 순간, 할아버지의 볼록하게 튀어나온 배를 보자 화풀이 삼아 나도 모르게 외쳤다.

"빼! 할아버지, 배 빼!"

휙 날아든 화살에 할아버지는 눈만 껌벅였다. 갑작스레 희생양이 된 할아버지는 무슨 죄냐 싶었지만, 어쩌겠나. 나도 좀 풀어야만 했다.

하루 24시간, 손녀에게서 눈을 떼지 못하고 입에는 뭐라도 넣어주려 온 가족이 달라붙던 나날들. 손녀 육아를 시작하며 내가 제일 먼저 다짐했던 건 바로 '잘 먹는 아이로 키우기'였다.

하지만 손녀는 동그란 외모와는 달리 입맛만은 참 뾰족하게도 생겨먹었다. 뾰족한 입맛도 유전자에 포함되나 보다.

주는 대로 척척 받아먹던 영유아기 시절에는 할미의 식단 계획도 순탄하게 흘러가는 듯했다. 하루 우유 섭취량을 꼼꼼히 메모하고 유산균까지 챙겼다. 이유식을 시작하자 나와 작은딸은 선수 교대하듯 번갈아 가며 '골고루 먹이기' 작전에 집중했다. 그래서 그 시절이 손녀 인생의 '동그란 전성기'였다.

주말마다 오던 사위만이 은근슬쩍 말했다.
"애가, 좀 많이 통통해졌어요."
하지만 우리는 아무도 귀담아듣지 않았다. 우리의 목표는 오직 하나였다. 손녀를 더 동그랗게 만들기!

가끔 그 시절 사진을 찾아보다 보면 나는 화들짝 놀란다.

"아니, 이렇게 통통했다고?"

훗날 스타라도 된다면, 가장 먼저 봉인해야 할 '흑역사 감'이다.

할머니들의 '손주는 무조건 예쁘다'는 착각은 늘 손주를 더 동그랗게 만드는 방향으로 흘러간다. 우리도 그저 세상에서 우리 아이가 제일 귀여운 줄만 알고 연신 감탄하고 열광했다.

그 엄청난 착각에서 홀로 벗어나 있던 사위야말로, 정말 대단한 대문자 T의 사나이였다.

하지만 떠먹이는 시기가 끝나자, 상황이 달라졌다. 손녀는 골라 먹기 시작했고, 혀로 밀어내기를 반복하다가 툭하면 "안 먹어!"를 외쳤다. 신기한 건 한 번도 먹인 적 없는 햄을 좋아한다는 사실이었다. 알고 보니 사위가 햄을 좋아한단다. 역시 또 유전자의 힘이었나 보다.

게다가 사위와 큰딸은 집안 공식 '소식좌'들이다. 후식 음료 한잔도 나눠마시는 모습을 보면 손녀가 먹는 데 관심이 없는 것도 이해가 된다.

그때부터 긴 협상과 거래가 시작되었다.

"이거 먹으면 과자 줄게." "착하지, 한 입만 더 먹자." "꼭꼭 씹어. 삼켰니?"

하루에도 수십 번 반복되는 말. 내가 하루 중 손녀에게 가장 많이

하는 말은 "아이구, 이쁜 내 강아지!"와 "삼켰니?"였다.

　다짐은 결국 다짐으로 끝났고, 큰아이 키울 때와 똑같은 먹는 전쟁이 또 반복됐다. TV에 나오는 다른 집 손주들이 오물오물 잘 먹는 모습만 봐도 눈물이 날 만큼 부러웠다.
　감정의 냉탕과 온탕을 오가던 나날. 역시, 손녀 육아는 쉽지 않았다.

　하지만 돌아보면 힘들면서도 참 귀여운 시간이었다.
　내 하루를 통째로 삼켜 버릴 것 같던 그 동글동글한 아이 하나.
　그 아이 덕분에 내 인생의 한 페이지도 귀엽고 반짝였다.

　그래서, 그 시절 우리 집엔
　이 두 마디가 하루 종일 집안을 뛰어다녔다.

　"할미, 빼!"
　"얼른 삼켜!"

할미에게
'롤렉스'를 사준 손녀

큰딸이 스물네 달쯤 되었을 무렵이었다.

집에서 함께 놀다 장난감 자석 칠판의 알파벳을 하나씩 읽어 주었더니, 단번에 스물여섯 글자를 모두 외워버렸다. BYC, KBS 같은 약자까지 또박또박 읽어내던 그 모습이 아직도 눈에 선하다.

손녀가 두 돌을 넘기자, 그때의 기억이 떠올라 자연스레 알파벳 놀이를 시작했다. 쫑알거리며 따라 읽는 손녀의 모습에 딸아이의 어린 시절이 겹쳐 보였다.

알콩달콩 놀이를 이어가던 중, 문득 개구진 할미의 장난기가 발동했다. 평소 귀에 익은 명품 브랜드 이름을 붙여놓고 읽어보게 한 것이다.

"PRADA, 프라다." "…브, 라, 다." 제법 비슷하다.

"POLO, 폴로." "폴~로." 오, 쉬운 건 척척이다.

"ROLEX, 롤렉스." "롤~렉~쭈."

아, 웃겨라.

혀를 동그랗게 말아 굴리느라 입술이며 얼굴에 온 신경을 집중한 표정이 어찌나 귀여운지.

우리는 마주 보고 한참을 깔깔댔다.

"또 해봐." "로올~렉~~쭈."

그때 이후부터 손녀의 동그란 혀 말림에 반해 우리는 롤렉스에 꽂히게 됐다. 손녀의 동그랗게 오므린 입 모양이 보고 싶을 때면 나는 시도 때도 없이 물었다.

"울 애기가 할미 뭐 사준 댔더라?"

그러면 야무지게 입술을 모으고 "롤렉쭈!" 하고 온 얼굴로 외쳤다.

그 말이 떨어지기 무섭게 나는 손뼉을 치며 감탄했다.

"아이구, 이뻐라. 내 강아지."

누가 보면 철없는 할미 같았겠지만, 그 순간만큼은 나도 아이처럼 즐거웠다.

주말에 집에 온 엄마, 아빠 앞에서도 손녀의 장기 자랑은 빠지지 않았다. 옆에서 지켜보던 할아버지가 슬쩍 한마디를 덧붙였다.

"할미, 좋겠네~~"

그 순간 문득 느꼈다. 우리 중 누군가는 밝게 웃지 못하고 있다는 것을.

 유쾌한 착각 여왕

결정적인 장면은 휴일에 가족이 함께 백화점에 갔을 때였다.

1층 명품관 앞을 지나던 중, 손녀가 "어?" 하며 발걸음을 멈췄다.

눈 앞에 펼쳐진 ROLEX 매장 간판이 낯익었던 모양이다.

나는 반가운 마음에 또 물었다.

"울 애기가 할미 뭐 사준 댔더라~?"

손녀는 망설임도 없이 입술을 동그랗게 모으며 대답했다.

"롤렉쮸!"

그 순간 매장 안 직원들이 귀여운 손녀의 모습에 조르르 나와 손을 흔들며 웃어주었다. 우리 가족도 함께 웃었다.

그 찰나, 그때 느꼈던 마음이 눈앞에 다시 떠올랐다. 우리가 모두 웃고 즐거울 때, 여전히 웃지 못하는 한 사람이 있다는 것을…….

바로, 우리 사위였다. 큰사위에게 손녀의 '롤렉스 놀이'는 그저 웃고 넘길 농담처럼만 들리진 않았던 모양이다.

그해, 해외여행을 다녀온 사위가 차곡차곡 모아 둔 자신의 용돈으로 면세점에서 시계 하나를 골라, 내 팔목에 직접 채워주었다.

그거 아시려나? 할미 마음속에서는 번쩍이는 롤렉스 열 개보다도 사위가 골라 준 그 시계 하나가 훨씬 더 값지다는 것을.

사위의 마음이 담긴 이런 선물은 아무나 받을 수 있는 게 아니니까!

매사에 반듯하고 진지한 사위는 손녀와의 장난 같은 놀이를 진짜 선물로 바꿔주었다. 손녀를 돌보던 시간 속에서 웃고 떠들던 모든 순간은 지금도 내 마음에 귀엽고 따뜻한 추억으로 남아 있다.

이쯤 되니 속담 공부까지 해보고 싶어진다.
'꿩 먹고 알 먹고'일까? 아니면 '이게 웬 떡'일까?
분명 꿩도 먹고 알도 먹은 줄 알았는데, 돌아보니 나는 사위의 예쁜 마음까지 덤으로 듬뿍 받아버린 것 같다.

생각지도 못한 사위의 선물에 미안한 마음도 잠시.
내가 누군가, 바로 이 구역 '속물 할미' 아니던가!

나는 재빨리 다음 목표를 향해 눈을 돌린다.
그리고 손녀의 귀에 대놓고 속삭여 본다.

"다음은 샤넬이다. 우리 강아지, 준비됐지?"

할아버지도
육아 우울은 있다

결혼하지 않고 살거라 던 큰딸이 어느 날 좋아하는 직장 선배가 생겼다며 데려와 인사를 시켰다. 요즘은 결혼 연령도 늦어지는 추세이니, 너무 서두르기보다는 연애의 설렘을 조금 더 오래 즐기며 천천히 준비해도 괜찮다고 조언해 주었다.

하지만 딸은 그저 빨리 시작하고 싶은 모양이다.

"좋은 사람이 생겼는데, 더 기다릴 이유가 뭐 있어요?"

그 한마디로, 딸은 한창 자유로울 이십 대에 결혼을 선택했다.

직장생활을 하며 틈틈이 여행도 다니고, 알콩달콩 재미나게 지내던 딸은 아이 낳을 계획은 없다고 늘 말하곤 했다. 그러나 결혼 17개월 만에 자기와 똑 닮은 '판박이'를 품에 안았다.

자식 말은 곧이곧대로 믿을 일이 아니라는 걸, 그제야 알았다.

안 한다던 결혼도 서둘러 해버리더니, 아이까지 금세 낳아 나를 오십 대 초반의 할머니로 만들어 놓았다.

산후조리원에서 나와 곧장 우리 집으로 들어온 손녀. 그때부터 지금까지, 손녀와 나는 지독한 사랑을 이어오고 있다. 아기를 좋아하고 자식 둘을 키워낸 경험도 있으니 손녀 돌보는 일쯤은 '누워서 떡 먹기'일 거라 생각했다. 게다가 나만큼 아기 좋아하는 작은딸까지 곁에 있었으니, 마음은 한껏 들떠 있었다. 그렇게 섣부른 기대감 속에 우리의 사랑은 시작되었다.

나보다 더 잘났다고 믿는 딸의 앞길을 열어주고 싶었다. 딸이 느낄 버거움을 기꺼이 내 몫으로 가져온 그 날, 아기는 역시나 '환희' 그 자체였다. 몰랑몰랑한 볼 모찌, 트림할 때 새어 나오는 콤콤한 우유 냄새, 손가락 사이사이의 옥수수 냄새까지. 꼬물꼬물 작은 생명체 하나에 온 가족이 홀린 듯 모여들었다. 보고 또 보고, 안아보고 웃으며, 우리는 시간 가는 줄 모른 채 그 사랑스러움에 빠져들었다.

하지만 사랑은 사랑이고, 기쁨은 기쁨일 뿐. 감동과 현실은 별개였기에, 나와 작은딸은 "에엥" 소리에 늘 대기 상태로 있어야 하고, 낮잠조차도 안고 재워야 하며, 새벽 여섯 시면 눈을 번쩍 뜨는 손녀의 24시간에 맞춰 돌아가는 맞춤 인간이 되어갔다.

작은딸이 학교에 있는 동안에는 퇴근한 남편이 돌봄을 도와주었지만, 세심함이 필요한 신생아 육아에서 그는 목욕 도우미로도 어설퍼서 툭탁거리기 일쑤였다. 우리 아이들 키울 때는 일등 목욕 도우미였

 　　　　　　　　　　　　　　유쾌한 착각 여왕

는데, 세월이 흐르니 예전 같지가 않았다.

주말마다 올라왔다가 일요일이면 다시 돌아가는 큰딸과 사위의 뒤통수가 몹시도 부러울 즈음, 내 든든한 동지였던 작은딸마저 멀리 공부하러 떠나게 되었다. 떠나는 날, 작은딸은 신발을 짝짝이로 신고 나설 만큼 마음이 복잡해 보였다. 나 역시 웃으며 손을 흔들었지만, 가슴 한켠엔 이별의 서러움과 앞으로 홀로 감당해야 할 육아의 무게가 한꺼번에 내려앉았다.

엄마보다 이모와 함께 지낸 시간이 더 길었던 손녀는 밤마다 잠자리에 들며 목 놓아 이모를 불렀다.
"이모 없어. 호주 갔잖아" 아무리 달래보아도, 두 돌 지난 꼬맹이는 "이모 오라고 해! 이모 오라고 해!" 하며 엉엉 울었다.
그렇게 몇 날 며칠 밤을 부둥켜안고 울던 시간이었다.

작은딸의 빈 자리는 손녀에게도, 내게도 커다란 구멍이 되었다.
육아 동지를 잃고 하루하루 지쳐가는 내 모습을 본 큰딸은 결국 자기 동네로 이사 오기를 권유했다. 남편의 정년을 몇 달 앞두고 우리는 서울을 떠나 큰딸 집 옆으로 이사했다. 큰딸은 아침마다 아이를 맡기고 저녁에 데려가며 밤에는 편히 주무시라고 배려해 주었다.
엄마, 아빠 퇴근 시간까지 종일토록 놀기만 하는 에너자이저와 나는, 새로운 동네에서도 변함없이 하루 종일 붙어 지냈다. 하지만, 이 모든 노고 뒤에 오랜만에 얻은 밤의 자유는 생각보다 달콤했다.

그리고 몇 달 뒤, 30년간 성실히 직장생활을 이어온 남편이 드디어 정년을 맞이했다. 편안한 은퇴 후의 삶을 꿈꿨던 남편. 하지만 이제 낮에도 할아버지와 함께하게 된 손녀는 남김없이 싹싹 긁어먹는 알뜰 주걱처럼 할아버지를 아낌없이 활용해 놀기 시작했다.

아마도 체력이 달리는 할머니와는 마음껏 놀지 못했던 탓인지 손녀는 온몸으로 놀아주는 할아버지와 종일 있으니, 신이 났나 보다. 앞머리는 땀에 젖어 마를 새도 없이, 종일 쉬지 않고 움직여댔다.

그림 그리기, 숨바꼭질, 보물찾기, 스케치북 위에 올라 스키를 타듯 끌어달라 조르기, 종이컵을 높이 쌓아 한 방에 쓸어버리기까지.

무한반복 놀이가 시작되면 할아버지는 거의 울상이 되어갔다.

그러나 성실하고 헌신적인 할아버지는 "하부지! 이거 해 줘!", "하부지! 이리 와봐!" 하는 손녀의 부름에 발바닥에 땀이 나도록 뛰어다니며 둘도 없는 놀이 친구가 되어주었다.

그렇게 틈틈이 한글 놀이까지 해준 덕분에, 얼마 지나지 않아 손녀는 할아버지와 함께 책을 읽는 기쁨까지 안겨주었다.

하지만 즐거움도 잠시, 놀이 동행 한 달쯤 되었을 즈음부터 손녀가 "하부지~!" 하고 부를 때마다, 예전처럼 "네이~" 하고 달려가던 발걸

     유쾌한 착각 여왕

음은 온데간데없고, 깊은 한숨인 "어휴"를 세 번쯤 내뱉고서야 겨우 움직였다. 급기야 손녀와 놀아주다 지쳐 소파에 쓰러져 잠든 남편의 모습도 자주 눈에 띄었다.

은퇴 후에는 시간도 넉넉히 쓰고 덜 붐비는 평일에 여행도 다닐 수 있으리라 기대했건만, 손녀와 종일 집 안에 묶여 지내는 생활은 생각보다 훨씬 버거웠던 모양이다.

그 무렵부터 남편의 얼굴에서 웃음이 조금씩 사라지기 시작했다.

어느 날, 축 처진 어깨로 중얼거리는 소리가 들렸다.

"내 인생, 이렇게 사는 게 맞는 건가?"

그제야 알게 되었다. 육아 우울은 젊은 엄마나 산모에게만 찾아오는 것이 아니라는 걸…….

나 역시 육아로 인한 하루하루가 결코 만만치 않았지만, 그래도 남편보다는 내가 한 수 위 아니겠는가?

나는 남편의 등을 가만히 토닥이며 말했다.

"할아버지 많이 힘들지? 힘내자! 주말에는 쿠우쿠우 뷔페에 가서 기분 풀고 오자."

남편이 가장 좋아하는 뷔페 약속을 내밀어 슬며시 그의 마음을 달래보았다. 음식 앞에서는 한없이 단순해지는 이 할아버지는 이 정도 제안이면 쉽게 넘어오는 편이었다.

그렇게 우리는 힘을 합해 커져만 가는 우울을 조심스레 깎아내며 하루하루를 건너왔다. 월요일이면 다시 기운을 내어 앞으로 나아갔고, 누구보다 '달콤한 금요일'을 간절히 기다리는 할미와 하부지로, 우리만의 일주일을 꿋꿋이 지켜냈다.

그렇게 또 한 주, 그리고 또 한 주.
손녀가 유치원에 입학하는 날까지 우리는 함께 이 길을 통과했다.
돌이켜보니 그 시간은 인생에서 가장 시끄러우면서도 가장 벅찬 계절이었다. 우리는 그 시간을 지나며 귀한 진실 하나를 배웠다. 어쩌면 그것은 배움이라기보다, 살아남기 위해 확신처럼 붙잡았던 착각이었을지도 모른다. 육아의 본질은 결국 체력이었고, 우리에게 가장 필요한 것은 근육이었다. 온몸으로 손녀를 받아내던 몸의 근육, 끝없는 울음을 견뎌내던 마음의 근육, 아이의 새로운 세상을 이해하려 애쓴 뇌의 근육까지…….

다음 타자인 손자를 위해 할아버지는 아령을 들고, 할미는 책을 읽는다. 더 단단해진 할머니와 할아버지가 되기 위해 저마다의 방식으로 소중한 근육을 단련하는 중이다.

이 시간은 단지 손녀를 돌보는 시간이 아니었다.
우리의 인생 2막을 힘차게 열어가기 위해, 삶의 근육을 기르는 소중한 연단의 시간이었다.

　　　　　　　　　　　　　　　유쾌한 착각 여왕

호랑말코 같은
약속

작은딸이 호주로 떠나면서 나는 30개월 된 손녀를 온전히 홀로 돌보게 되었다. 이른바 '독박육아' 신세가 된 것이다.

그런 나를 걱정한 큰딸이 동네 어린이집을 알아보았다. 몇 시간이라도 맡기면 내가 숨 돌릴 틈이 생기지 않겠느냐는 배려였다. 큰딸은 유치원을 1년, 작은딸은 3년 다녔으니 우리 집에서는 손녀가 처음으로 어린이집에 도전하는 셈이다.

마침, 단지 안에 어린이집이 있어 거리도 가깝고 원아 수도 많지 않아, 안심이 되었다. 상담과 환영 입소식을 마치고 본격적인 등원이 시작됐다. 적응 기간 이틀은 내가 함께했지만, 셋째 날 선생님이 말했다.

"오늘은 한 시간 나갔다 오세요. 분리 연습도 해야죠."

태어난 후 단 한 번도 나와 떨어져 본 적 없는 손녀의 눈동자가 불안하게 흔들렸다.

나는 애써 웃으며 말했다.

“할미, 킨더 초콜릿 사러 갔다 올게.” 손녀는 그 말에 마지못해 고개를 끄덕였다.

시간을 보내려 근처 카페에서 커피를 마셨지만, 커피 맛은 전혀 느껴지지 않았다. 머릿속에는 그저 어린이집 문 앞에서 흔들리던 손녀의 눈빛만 맴돌았다.

결국 약속된 한 시간이 채 되기도 전에 발걸음을 재촉해 어린이집으로 달려갔다.

유리창 너머, 손녀는 친구들과 음악에 맞춰 춤을 추고 있었다. 그 모습을 본 순간, 순식간에 안도감이 온몸을 휩쓸었다.

“할미!”

손녀는 나를 보자마자 달려와 부둥켜안았다. 딱 한 시간 만의 이산가족 상봉. 그런데 손녀가 재회 후 처음 내뱉은 말은 이러했다.

“할미, 킨더 사 왔어?”

아, 내가 아니라 킨더 초콜릿을 기다렸구나! 조금 머쓱했지만, 그 약속 덕분에 첫 분리를 성공적으로 마쳤다는 사실에 절로 웃음이 나왔다.

집에 돌아오자마자 곧장 놀이 2차전이 시작됐다. 내 아이들을 키울 때만 해도 깔끔함과 질서가 최우선이었다. 놀이방을 벗어나 거실에 장난감이 흩어져 있는 일은 상상조차 할 수 없었다. 그러나 손녀와 함께하는 지금은 사정이 완전히 달라졌다. 거실은 온통 장난감으로 가득 찬 '키즈카페'로 변했고, 엄격했던 "안 돼!" 라는 말은 사라진 지 오래다.

모든 것이 허용되는 손녀 세상, 만세!

하지만 나는 이쯤에서 중요한 것을 놓치고 있었다.
부족함 없이 모든 것을 다 채워주는 것이 아이에게는 최선이 아닐 수도 있다는 사실이다.
아이들은 오히려 삶의 '빈틈'과 '결핍' 속에서 스스로 자라나는 법인데 말이다.

어린이집 적응 기간을 마치고, 드디어 점심 식사까지 마치고 오는 첫 등원의 날이 되었다. 떨어지기 싫다는 손녀의 끈적한 눈빛을 애써 외면하며 손을 흔들고 집으로 돌아왔다.
손녀 없는 틈을 타 집안일을 서두르느라 청소기를 돌리고 있던 참이었다. 그때 갑자기 전화벨이 울렸다.

"계속 울어서요. 와 보셔야겠어요."

가슴이 철렁했다. 다쳤을까? 싸웠을까? 온갖 걱정이 밀려들었다.

달려가 보니 손녀는 눈물범벅이 채 나를 보고 달려왔다.

선생님은 당황한 듯 말했다. "제가 실수를 했어요. '주말에 할머니랑 뭐 했어?'라고 묻자마자 아이가 울음을 터뜨리는 거 있죠."

손녀는 할미와 떨어져 있는 불안한 마음을 애써 억누르고 있다가 '할머니'라는 단어를 듣는 순간, 참았던 서러움이 한꺼번에 터져버린 것이었다.

그 사건 이후로 손녀는 등원을 완강히 거부했다. 며칠을 실랑이하다 결국 어린이집 선생님은 큰딸에게 전화해 "다음 대기 원아에게 자리를 양보해 달라"고 했다. 선생님은 우는 아이를 달래지 못해 아이와의 신뢰가 깨졌고, 아이와 충분한 신뢰를 쌓아보기도 전에 자리를 내어달라는 결정에 마음이 불편했다.

"아이가 또래보다 빨라서 여기가 재미없었을 거예요. 제가 많이 부족했어요. 아이가 똑똑하니 잘 키우세요." 그 말은 상황을 정리하려는 핑계처럼 들려 더욱 씁쓸했다.

우리 손녀가 에디슨이라도 된단 말인가? 그 말에 기분이 상했지만,

  유쾌한 착각 여왕

이내 마음을 다잡았다.

천재는 원래 세상의 환영을 받기 어려운 법이라지 않던가. 부모가 제 자식을 천재라 믿듯, 이 할미에게도 우리 손녀는 세상 그 누구보다 특별한 천재다.

이왕 이렇게 된 것, 어린이집보다 훨씬 더 재미있는 하루하루를 손녀와 함께 만들어가기로 마음먹었다. 결국 손녀는 다섯 살이 될 때까지 나와 한시도 떨어지지 않는 한 몸처럼 붙어 지내게 되었다.

그러던 어느 날 마침내 다섯 살이 된 손녀는 영어 유치원에 입학했다. 떨리는 마음으로 며칠을 보낸 후, 유치원에서 한 통의 동영상을 보내왔다.

"My name is Riley~ How are you~"

손으로 자신을 가리키며 또랑또랑 영어로 인사하는 손녀의 모습. 그 모습에 내 눈에서 정말 하트가 뿅뿅 튀어나오는 듯했다.

할미와 떨어져서도 저토록 훌륭하게 적응해 나가다니! 그동안의 모든 수고가 단번에 보상받는 기분이었다. 가슴이 벅차올라 눈시울이 붉어졌고, 그 순간만큼은 온 세상이 눈부시게 반짝거리는 것 같았다.

처음에는 유치원에서도 할미를 찾으며 울음을 터뜨렸다고 한다. 하지만 이번 유치원 선생님은 손녀를 놀이방으로 데려가 자연스럽게 달래주셨다고 했다. 그 얘기를 듣는 순간, "유치원 선생님 최고!"라는 찬사가 절로 나왔다.

잘 적응하던 손녀가 하루는 아침부터 칭얼댔다.
"오늘은 유치원 안 가고 할미랑 집에 있을래."
혹시 컨디션이 안 좋은가 싶어 걱정되기도 했고, 애절한 눈빛을 보니 마음이 약해졌다. 나는 조심스레 물었다.
"오늘만 쉬고 내일부터는 꼭 가야 해, 알겠지?"

손녀는 동그란 눈으로 고개를 크게 끄덕였다. 나는 다섯 살 아이의 의견을 존중하고 싶었고, 약속의 중요성도 가르치고 싶었다. 우리는 손가락을 걸고 도장까지 꾹 찍었다.
유치원에 하루 쉰다고 문자메시지를 보낸 뒤, 걱정하는 딸에게도 손녀의 굳은 눈빛을 떠올리며 "할미랑 약속했으니 분명 지킬 거야"라며 호언장담했다. 그것이 바로 할미의 커다란 착각이었다.

다음 날 아침, 손녀는 어제와 똑같은 얼굴로 단호하게 말했다.
"유치원 안 갈래."
"어제 할미랑 약속했잖아. 약속은 꼭 지켜야지?"
"싫어. 오늘도 안 갈래." 손녀는 막무가내였다.

 유쾌한 착각 여왕

내가 여기서 놓친 두 번째 깨달음은, 아이는 아직 '약속의 무게' 같은 것을 모른다는 사실이었다. 다섯 살짜리 아이와 손가락 걸고 철석같이 믿은 내가 죄인이 됐다.

다섯 살과의 약속은 결국 '호랑말코'처럼 무의미했던 것이다.

나는 딸에게 혼나지 않으려 이번에는 기를 쓰고 손녀를 유치원 버스에 태워 보냈다. 그래, 할미도 한 번 속지, 두 번은 안 속는다.

손녀가 처음 떨어지던 날의 흔들리던 눈빛도, 온몸으로 버티다 유치원 버스에 억지로 오르던 오늘 아침의 모습도, 이제는 모두 우리만의 소중한 추억이 되었다.

손녀를 돌보며 깨달았다. 때로는 빈틈을 주는 것이 아이에게 더 큰 성장 기회가 될 수 있고, 약속의 무게는 아이가 살아가면서 점차 배우게 될 영역이라는 것을……

그렇게 아이는 하루하루 세상과 거리를 넓혀갔고, 나는 그 속도를 앞서지 않으려 애쓰는 할미가 되어갔다. 아이도 어른도, 각자의 속도로 적응이 필요했을 뿐이다.

손녀에게 한없이 헤픈 할미의 하루는 그렇게 정겹게 흘러갔다.

픽컵
이라구요!

큰딸은 어릴 때부터 입이 빨리 트였다. 그리고 그 입으로 참, 말을 많이도 했다. 매사에 그냥 넘어가는 법이 없었다.

"왜?", "근데 그건 왜 그렇게 해야 해?", "엄마는 나한테 왜 크게 말을 해? 화나서 그래?"

질문은 꼬리에 꼬리를 물고 이어졌고, 요구사항도 지치지 않고 쏟아졌다.

동네 슈퍼 아주머니는 나만 보면 말했다.

"아유, 아기가 말을 너무 잘해서 키우기 힘들죠!"

나는 하루가 멀다 하고 말에 치이고, 질문에 지치고, 설명에 탈진했다.

피곤이 극에 달할 즈음, 둘째가 태어났다.

그런데 이 아이, 세상에 이렇게 순한 애가 또 있을까 싶을 만큼 조용했다. 말이 늦는 건 아닌가 걱정될 정도로 과묵했고, 엄마랑 간식만 있으면 하루 종일 칭얼거림이 없었다. 큰딸의 반만큼도 손이 가지 않았다.

그때 알게 됐다. 같은 부모, 같은 환경에서도 아이들은 이렇게 다를 수 있다는 것을. 극단이 아닌, 그저 중간쯤만 되어도 좋을 텐데. 그 생각을 수없이 되뇌며 긴 육아의 시간을 지나왔다.

세월이 흘렀다. 그 따지기 대장이던 큰딸이 자기랑 똑 닮은 딸을 낳았다. 그런데 개량종은 정도가 더 심하면 심했지 결코 덜 하지 않다.

아침이면 내가 앉을 자리를 두고도 "여긴 내 자리야. 이 인형은 여기에 있어야 해"

자리 배정까지 철저했다. 자기 간식 그릇, 자기 색연필, 장난감의 위치까지, 모든 것이 손녀의 기억 범위 안에서 정확히 제자리에 있어야 했다. 내 마음대로 자리를 바꾸었다간 난리가 난다.

그 모습을 보고 있노라면, 어릴 적 딸아이 모습이 보여 자꾸 웃음이 났다. 이 손녀 역시 할미한테도 사사건건 따지고, 요구하고, 부리고, 한술 더 떠 영어 발음까지 지적한다. 가끔은 하원할 때 유치원 버스를 타지 않겠다면서 자기 자전거를 타고 싶다며, 할아버지랑 할미더러 데리러 오라고 한다.

그날 아침도 그랬다. 자전거를 타고 싶다는 손녀에게 등원 준비를 하며 나는 말했다.

"그래. 이따 시간 맞춰서 자전거 가지고 유치원으로 픽업 갈게."

그런데 문제는 여기서부터였다. 내가 '픽업'이라고 했다는 이유로 손녀가 소란을 피우기 시작했다. 그런 말은 없단다. 영어 유치원에 다니는 손녀는 할미의 발음이 틀렸다고 굳게 믿는 눈치였다.

믿었던 할미의 엉성한 발음이 얼마나 속상했으면 손녀는 결국 눈물바람이 났다. 그럼, 뭐가 맞냐고 물었더니, '픽 컵'이란다. 아, 도대체 뭐가 얼마나 다르다고 저러는 건지.

결국 손녀를 달래느라 마주 보고 눈을 맞춘 채, 손녀 입 모양을 보며 세 번이나 따라 말했다.

"픽 컵", "픽 컵", "픽 컵"

그제야 오케이 사인이 떨어졌다.

하아, 내가 이렇게까지 어렵게 살아야 되나 싶었다. 발음 지적이 수시로 날아들다 보니, 동남아 발음을 자랑하는(?) 할아버지와 나는 서로 눈짓하며 앞으로는 영어는 입 밖에 내지 않기로 합의했다. 평화로운 시간을 위해서다.

겨우 진정된 다섯 살 손녀에게 '살랑라 원피스'를 입히고, 머리엔 큼지막한 왕 리본까지 달아주면 등원 준비 완료다. 참고로 다섯 살 여자

     유쾌한 착각 여왕

아이에게 살랄라 치마와 왕 리본은 거의 '생존템'수준의 필수 아이템이다.

모든 준비를 마치고 유치원 버스까지 달려가 태워 보내고 나면, 아침부터 진이 다 빠진 할미는 배터리가 방전된 듯 충전이 절실해진다.

하지만 다시 하원 시간이 되어 자전거를 끌고 유치원 앞에 서 있으면, 우리를 발견하고 환하게 웃으며 달려오는 손녀가 있다.

그 웃음을 지켜주기 위해 내가 존재하는 거라고 믿게 되는 순간이다.

"할미, 사랑해!" 하고 안겨 오면, 그 순간 모든 피로가 리셋된다.

아침의 소란도, 지치고 힘들었던 육아도 몽땅 잊히고 또다시 힘이 난다. 이제야 알겠다. 딸이 그랬듯, 이 아이 역시 내게 세상의 온갖 맛을 체험하게 하려 온 존재라는 것을……

손녀 육아가 달기만 할 거라는 막연한 착각은 오늘도 깨진다.

하지만 맵고, 짜고, 쓰고, 얼얼한 맛 끝에 남는 건 언제나 달콤함이다.

그래서 나는 오늘도, 사랑스러운 '개량종' 덕분에 맛깔스러운 하루를 살아간다.

게을킹
탈출 사건

요즘 우리 집엔 특별한 포켓몬 한 마리가 산다.
그 주인공은 다름 아닌 손녀의 할아버지, 내 남편이다.

손녀와 함께 지내는 시간이 길어지면서, 손녀 눈에 비친 할아버지는 놀기에 가장 만만한 상대이자 다른 가족들보다 확연히 '잘 눕는 사람'이었다. 소파나 침대에 옆으로 누워있는 모습이 너무 익숙한 탓이다.

그러다 어느 날부터 손녀는 자연스럽게 할아버지를 '게을킹'이라 불렀다. 아이들 사이에서 익숙한 포켓몬 캐릭터 중 하나라고 한다.
'도대체 어떻게 생겼길래 그러나?', 궁금해 찾아보니 과연!
눈은 반쯤 감겨있고, 몸은 크고 느릿하며, 대체로 눕거나 축 늘어진 모습이었다. 귀엽지는 못해도 저 정도라니. 할아버지는 참 좋겠다.

유치원에서도 손녀는 게을킹 이야기를 늘어놓았던 모양이다. 덕분에 친구들 사이에서도 게을킹은 유명 인사가 됐다. 친구들이 놀러 와서도 게을킹부터 찾는다.

"게을킹 있어요? 히히." 그게 그렇게 재미있나 보다.

할아버지도 이젠 인기 스타가 된 듯 그 상황을 즐기기까지 한다.

그런데 우리 집 게을킹은, 움직일 때마다 온 집안이 다 알 정도로 시끄럽다. 발을 '쓰윽 쓰윽' 끌며 걸어 굳이 보지 않아도 어디서 무엇을 하는지 다 들린다. 아랫집에 울릴까 봐 그리 걷는다는데, 아랫집 걱정은커녕 당장 우리 집부터 시끄럽다.

우리 손녀는 그런 소리까지 놀라울 만큼 잘 듣는다. 나를 닮았는지 냄새도 잘 맡고, 귀도 밝다. 특히 좋아하는 소리와 싫어하는 소리를 분명히 구분한다. 밖에서 돌아와 현관문을 열자마자 간식 냄새를 콕 집어내는가 하면, 할아버지의 작은 발소리에도 즉각 반응한다. 누가 오는지, 어디 있는지 이미 다 알고 있는 셈이다.

가끔 주말 밤, 손녀가 할미 집에서 자겠다고 오는 날이면, 마치 만화 한 편을 보는 듯한 상황이 펼쳐진다. 저녁까지 신나게 놀던 손녀는 잘 시간이 되면 할미는 물론이고 할아버지까지 몽땅 잡아끌고 방으로 들어간다. 세 식구가 꼭 한 묶음이어야 잠이 오는 모양이다.

소파에 누워 TV를 보고 싶던 게을킹도 울며 겨자 먹기로 방까지 끌려 들어온다. 불이 꺼진 방, 나는 손녀 옆에 누워 등을 토닥이며 자장가를 흥얼거리고, 게을킹은 침대에 바로 누워 천장만 뚫어져라 바라본다. 오직 손녀가 어서 잠들기만을 기다리면서.

하지만 손녀는 좀처럼 쉽게 잠들지 않는다. 속닥속닥 이야기꽃을 피우고, 옆에 누운 우리를 하나하나 확인하며 그 시간을 조금이라도 더 이어가려 한다.

그렇게 시간이 길어지자, 참을성이 부족한 게을킹은 어둠을 방패 삼아 슬금슬금 아메바처럼 침대 옆으로 미끄러져 내려온다.

캄캄한 어둠 속, 그는 낮은 포복 자세로 소리 나지 않게 창문 쪽으로 기어가기 시작한다. 손녀에게 들키지 않고 베란다로 몰래 빠져나가 거실로 탈출하려는 작전인가 보다.

나는 어둠 속에서 납작하게 기어가는 기묘한 형체를 보며 웃음이 터져 나오려는 걸 겨우 참았다. '참, 저러고 싶을까?' 싶으면서도 못 본 척 손녀 등을 계속 토닥였다.

그렇게 거실까지 무사히 탈출한 줄 알았는데, 곧 익숙한 '쓱쓱' 소리가 들려온다. 쓱쓱… 움직이고 있다.

그리고 잠시 후, 냉장고 문이 열리는가 싶더니 이내 "철퍼덕" 무언가 떨어지는 소리.

과일이라도 떨어뜨렸나 보다. 역시 안 그러면 게을킹이 아니지.

옆에 누워 그 모든 걸 감지하고 있던 손녀가 속삭인다.

"하부지가 거실에서 쓱쓱 걸어가서 냉장고에서 귤 꺼내다가 떨어뜨렸나 봐."

그 말이 끝나기가 무섭게 손녀는 벌떡 일어나 방문을 열고 외친다.

""하부지! 얼른 들어와서 누워!"

순간, 컴컴한 거실에서 움찔하는 게을킹의 그림자가 보인다. 그리고 이내 쓱쓱 소리를 내며 방으로 돌아온다.

참 이상하다. 평소엔 누워 있는 걸 그토록 좋아하면서 왜 누워 있으라면 못 참는 걸까? 아무리 탈출을 시도해도, 게을킹은 결국 손녀의 손바닥 안에 있는 존재다.

벗어날 수 있다고 믿던 할아버지의 착각은 결국 손녀의 손바닥 위에서 조용히 막을 내렸다.

오늘 밤도 우리 집엔 게을킹과 손녀, 그리고 그 순간을 기록하는 할미가 함께 산다. 누군가는 탈출을 꿈꾸고, 누군가는 껌딱지처럼 붙어 있고, 또 누군가는 그 모든 장면을 유쾌하게 끌어안는다.

손녀는
나의 안티

　손녀가 하원 하면 간식부터 챙겨 먹이고, 요일별로 피아노, 코딩, 미술 학원에 손을 잡고 데려다준다. 수업이 끝나면 다시 마중 나가 손녀의 손을 꼭 잡고 돌아오는 그 시간이, 나에겐 참 예쁜 시간이다.

　도란도란 이야기를 나누며 발맞춰 걷다가, 저만치 신호등이 초록 불로 바뀌면 "뛸까? 간다!" 외치며 둘이 함께 달린다.

　깔깔 웃는 그 순간, 나는 더없이 귀엽고 감사한 행복을 느낀다.

　피아노 학원은 다른 학원보다 수업 시간이 짧다. 그래서 굳이 집에 다녀오지 않고 그냥 학원 의자에 앉아 기다리는 편이다.

　그 시간은 종종, 친구 엄마와 이야기꽃을 피우는 시간으로 이어진다.

　"요즘 아이들 사이에서 인기 있는 책은 뭐예요?"

　"코딩 학원 ○○ 선생님이 인기가 많대요."

　"새로 생긴 카페는 라떼가 맛있어요. 시그니처 메뉴래요."

그 대화 속에서 나는 많은 것을 얻는다.

요즘 엄마들의 교육관부터 생활 지혜, 학원 정보 등.

그러다 보면 문득, 지금의 나를 슬며시 들여다보게 된다.

'나는 지금 잘 살고 있나?', '혹시 손녀에게 해주는 것들이 뒤처지진 않을까?' 젊은 엄마들의 반짝이는 모습 앞에서 괜스레 주눅이 들기도 했다.

아침에 등원 버스를 기다리거나 놀이터에서 손녀를 지켜볼 때, 문득 마주치는 젊은 엄마들 속에서 그 시절의 내 모습이 떠오른다.

그때 나는 손주를 돌보시는 할머니를 보면 괜히 어렵게 느껴져 쭈뼛거리며 인사만 하고 돌아섰다.

그런데 요즘 엄마들은 참 다르다. 예의 바르고, 다정하다.

할머니라고 나를 어색하게 대하지 않고 자연스럽게 대화에 끼워 준다.

눈 맞춰 웃어 주는 그 시선만으로도 내 마음은 스르르 풀린다.

집에서는 소통이 안 되는 남편과 말수를 아껴가며 지내다가 밖에 나와 젊은 엄마들을 만나면 그만 고삐 풀린 망아지처럼 수다가 쏟아진다.

"에어컨 틀고 잤더니 남편이 감기 걸렸지 뭐예요."

"저희 애는 누나랑 싸우고는 '엄마는 누나 편이지?' 이러더라고요."

이런저런 얘기에 호호 웃으며 맞장구도 치면서, 나는 주로 할아버지 디스로 스트레스를 푼다. 다들 진심으로 들어주고 함께 웃어 준다.

주책인 줄 알면서도 막상 이야기를 시작하면 좀처럼 입을 닫기 어렵다. "아휴, 말 좀 덜 할 걸" 후회하면서도, 그 시간이 나에겐 힐링 같은 시간이다.

그러다 어느 여름날엔, 그들의 '외모'에도 슬쩍 관심이 갔다.

젊고 예쁜 엄마들 사이에 끼려면 차림새가 너무 투박하면 안 되겠다는, 지금 생각하면 참 재밌는 생각이 불쑥 고개를 쳐든 게다.

그날따라 크록스 슬리퍼 사이로 반짝이던 그들의 발가락이 유난히 예뻐 보였다. 유행하는 굽 높은 슬리퍼며 알록달록한 발톱까지. '나도 저 정도면, 혹시 나이보다 젊어 보일까?' 참 대담한 자신감 착각이었다.

손녀 돌보기를 마치고 집으로 돌아오자마자 나는 젊은 엄마들 따라쟁이가 되어 하얀 크록스를 주문했다. 물론 귀여운 지비츠도 빠뜨리지 않았다. 그리고 욕실 선반 위 작은딸이 두고 간 매니큐어를 꺼내 돋보기를 쓰고 발가락에 조심스레 칠했다.

오, 상큼하고 기분이 새롭다.

'내일은 나도 슬리퍼 밖으로 발가락을 살짝 내밀어 봐야지.'

작은 기대에 입꼬리가 올라갔다.

그런데 다음 날, 손녀를 등원 준비시키던 순간 내 발톱을 본 손녀가 난리가 났다.

"왜 할미만 발톱 칠했어! 나도 지금 당장 해줘!"

순간 난감했다. 지금 칠해 주자니 이걸 언제 말리나 싶고, 다섯 살 아이에게 매니큐어라니 딸과 사위가 분명 마땅찮아할 게 뻔했다.

할미만 더 예쁜 발톱이면 안 되기에 결국 등원 버스 시간에 늦지 않으려고 아세톤을 꺼내 내 발톱 위 색깔들을 벅벅 지워냈다.

이게 뭔 짓인가 싶어 웃기면서도 다시 평범한 내 발가락으로 돌아오니 괜히 허무했다.

손녀는 철통같은 내 꾸미기 안티다.

화장을 하면 "할미, 입술이 너무 빨개."

귀걸이를 끼면 "귀걸이 하니까 이상해. 난 깨끗한 할미가 좋아."

반지를 끼면 어김없이 "할미 반지 내가 낄래."

이제는 발톱까지 검열을 당한다.

늘 청바지에 부스스한 머리, 그게 손녀에게 익숙한 '진짜 할미'의 모습일 테니 조금이라도 달라지면 어색한가 보다.

으이구, 내 팔자야. 맘대로 한 번 꾸며보지도 못하고.

그래서 내가 늘 아인슈타인 머리에 청바지만 입는 할머니가 된 거라고! 내 탓 아니다. 다 손녀 탓이다.

아, 아니다. 솔직히 말하자면 '꾸미면 젊어 보일 것'이라는 내 착각이 좀 컸다.

새로 산 유행 슬리퍼는 예뻤지만 신어 보니 발바닥이 울릴 만큼 딱딱했다. 발이 욱신거려 결국 병원에 갔더니 "노화에 따른 무지외반증이네요." 그 한마디에 슬리퍼는 '당근'으로 떠나갔다.

유행 슬리퍼도, 컬러 발톱도, 젊은 엄마들 사이에 끼겠다는 착각 패션 프로젝트도 모두 한여름 밤의 꿈으로 끝났다. 하지만 그런 착각 덕분에 잠시라도 설레었으니 그걸로도 충분히 성공이다.

결국 무엇보다 더 소중한 건 손녀와 함께 발맞춰 걷는 이 시간, 작은 손을 꼭 잡고 느끼는 온기다.

나는 오늘도 세상에서 가장 행복한 손녀 바보 할머니다.

예쁜 발톱은 놓쳤어도, 이 귀한 손만은 절대 놓치지 않는다.

손녀도
할미를 키운다

손녀가 말을 또렷하게 하지 못하던 아기 시절, 우리는 하루 종일 소꿉놀이에 빠져 살았다. 실바니안 토끼집을 펼쳐놓고 방·주방·욕실까지 꾸미며 노는 그 시간이면, 나도 잠시 '현실의 할머니'가 아니라 소꿉놀이하던 어린 시절로 돌아가곤 했다.

그러던 어느 날, 잠깐 화장실을 다녀온 사이 손녀가 코를 킁킁거리며 손가락으로 "이거, 이거" 하고 코를 가리켰다. 나는 또 할미 특유의 '촉'이라는 근거 없는 자신감이 발동했다.

'코딱지쯤이야!' 하지만 면봉으로 조심스레 닦아봐도, 안경을 쓰고 들여다봐도, 나오는 것도 보이는 것도 없었다. 우유병을 물려봐도, 재워보려 해도 소용이 없이 아이는 계속 답답해하기만 했다.

그러다 혹시나 하는 마음에 토끼집 살림살이를 하나하나 살펴보기 시작했는데, 욕실에 있어야 할 아기 손톱만 한 작은 목욕 스펀지가 사라진 것을 발견했다. 가슴이 철렁 내려앉았다.

‘혹시 콧속에 넣은 건 아닐까?’ 아기 반응만으론 알 길이 없어 다시 구석구석 찾아봐도, 스펀지는 끝내 보이지 않았다. 어찌해야 할까, 혼자 끙끙거리다가 결국 딸에게 전화를 걸었고, 병원 점심시간이 끝나기를 기다려 손녀를 유모차에 태우고 서둘러 소아과로 향했다.

손녀가 놀랄까 내 무릎 위에 앉혀 놓고, 의사 선생님이 손녀의 콧속을 살피는 동안 온 신경은 한 점에 모인 채 떨리고 숨이 가빴다. 아무 일 아니길 바라면서도, 혹시 모를 상황들이 머릿속을 스치고 지나갔다.

이내 콧속을 비추던 의사 선생님이 기다란 핀셋으로 툭.

콧물에 불어 통실통실해 진 바로 그 스펀지가 모습을 드러냈다.

‘헉! 네가 왜 거기서 나와~~~’

어느 가수의 노래가 떠오르는 순간, 그제야 나는 안도했고, 의사 선생님도 "쉽게 나와서 다행이다." 라며 가슴을 쓸어내렸다.

나라면 떨려서 손녀 콧구멍으로 그 기다란 핀셋을 쉽게 들이밀지 못했을 거다. 감사하다.

짧은 순간이었지만, 아이 곁에는 늘 내가 미처 헤아리지 못한 위험이 도사리고 있다는 사실을 절실히 깨달았다. 그걸 왜 콧구멍에 넣었을까? 아이들의 호기심은 예상을 훌쩍 뛰어넘는다.

   유쾌한 착각 여왕

내 아이들을 키울 때는 몰랐다. 그 시절 나는 늘 바빴고 지쳐 있었다. 놀이터에서 아이들끼리 놀게 하거나, 차가 드나드는 아파트 앞마당에서 큰딸을 혼자 체육센터 버스에서 내려 집으로 오게 한 적도 있었다.

지금 돌이켜보면 아찔하다. 아이들이 무사히 자라준 것이 감사할 뿐이다.

그래서일까, 손녀에게는 지나칠 만큼 부드럽고 조심스러워졌다. 엄마 시절엔 훈육이 우선이었지만, 할미가 되고 나니 '훈육'보다 '품어주기'를 먼저 꺼내 들게 된다.

이것도 착각이다. '나는 이제 어른이니까 더 현명하게 키우고 있다'는 착각. 사실은 그냥 손녀가 너무 예뻐서 이성의 회로가 잘 끊긴다.

"할미! 할미 있어?"
학교가 끝난 후, 현관문을 열자마자 달려와 와락 안기는 내 사랑.
그 작은 팔에 안기면 세상 무엇도 부럽지 않다. 그런데 볼에 입을 맞추다 문득 스친다.
아기 냄새가 아닌, 다른 체취. 가슴이 또 한 번 철렁 내려앉는다.
이제 아기 냄새가 사라지고 있다. 아직 나는 품에서 놓을 준비가 안 됐는데.

손녀는 어느새 아홉 살이다. 먹는 데 관심이 없어 체구도 작다. 학교에서 돌아오면 아빠, 엄마 앞에선 스스로 잘 먹지만, 할미 앞에서는 "물도 떠다 줘~ 밥도 먹여 줘~" 한다.

교육상 좋지 않다는 걸 알면서도, 작은 몸으로 먼 학교를 다니느라 얼마나 힘들까 싶어 밥숟가락에 반찬을 올리고 있는 할미다.

하루 동안 손녀의 작은 시종이 되어 기꺼이 바쁘다.

그러나 나는 안다. 넘치는 사랑이 때로는 잘못된 사랑이 될 수 있다는 것을. 할머니, 할아버지의 무한한 관용 속에서 손녀는 또래와의 관계나 어른에 대한 예절에서 균형을 잃기도 한다.

나 역시 엄마보다 할머니로서의 육아가 더 어려운 이유다.

부족한 사랑을 채우는 것보다, 넘치는 사랑을 절제하는 일이 훨씬 더 어렵기 때문이다.

육아는 여전히 쉽지 않다. 하지만 아이를 키우며 나 역시 아이에게서 배우고 있다는 사실을 뒤늦게 깨달았다. 내 아이들을 키울 때는 내가 일방적으로 키운다고만 여겼고, 내 눈높이에 아이를 끌어 올리려고만 했었다. 그래서 아이의 눈높이로 세상을 보는 일이 참 어려웠다.

지금은 다르다.

아이의 눈높이에서 세상을 바라보자, 내 안에 굳어 있던 마음들이

서서히 녹아내렸다. 세상이 아무리 복잡하고 빨라도, 이 작은 아이와 함께하는 시간 속에서 나는 손녀가 커가는 만큼 함께 자라고 있다.

그럴 때마다 과거의 어린 딸들에게 미안해진다.

그때 나는 왜 함께 바라보지 못했을까? 아이들 키우기에만 급급했지, 정작 나는 왜 자라지 못했을까? 그래서 지금 손녀 육아에 더 마음을 쓰는지도 모르겠다. 일종의 고해성사처럼.

손녀는 자라며 나를 바꿔놓았다. 내 아이들을 키울 때는 '내가 키운다'고 여겼지만, 지금은 안다.

아이도 할미를 키운다. 우리는 서로를 자라게 한다.

그날 콧속 스펀지가 알려준 작은 깨달음처럼, 우리는 서로의 숨결을 살피며 손을 잡고 함께 길을 찾아갈 것이다.

어설프고 흔들리지만, 서로 기대며 한 뼘씩 더 나은 사람이 되어가는 중이다.

사랑은 결국, 함께 자라는 것이다.

할미는
왜 상이 없어요?

어느 날, 손녀가 일곱 살쯤 되었을 때였다.

할아버지 옆에서 꼬물꼬물 장난치던 손녀가 갑자기 고개를 돌려 나를 바라봤다. 작은 눈빛이 반짝였다.

"할미! 할미는 이렇게 똑똑한데, 왜 상은 하나도 없어요?"

손녀에게 똑똑한 할미로 보이고 싶어 평소 살짝 잘난 체를 했더니, 우리 손녀는 정말로 할미가 똑똑한 줄 안다. 일명 '할미표 가스라이팅'이다. 하하.

무슨 말인가 싶어 주위를 둘러보니, 책장에 줄지어 놓인 할아버지의 많은 상패들이 눈에 들어왔다. 그 사이에는 큰딸의 회사 상패도, 작은딸의 유치원 트로피도 있었는데, 유독 할미 것만 없는 게 손녀 눈엔 이상했나 보다.

음… 뭐라고 말해줘야 할까?

'저 상패들 절반은 사실 할미 거란다. 뒷바라지 상도 있거든.' 혹은

'할미는 사회생활을 안 해서 상을 받을 기회가 없었단다.'

여러 말이 떠 올랐지만, 일곱 살 아이가 이 복잡한 이야기를 이해할
수 있을까 싶었다.

결국 나는 학교에서 받은 상장과 임명장은 많은데, 상패는 못 받았
다고 솔직히 말해주었다.

요즘엔 너무 흔해진 종이 상장이라, 그것만으로는 할미의 똑똑함을
증명하기엔 역부족이었다. 나는 덤덤하게 웃어 보였지만 마음 한구석
이 찌릿했다. 똑똑한 할미라고 믿어주는 아이의 눈빛 앞에서 당당히
내세울 무언가가 없다는 사실이 아쉽고 미안했다.

다음 날, 하원한 손녀에게 저녁을 먹이고 집으로 돌아가려는데,
"할미! 이거! 할미 트로피야."
손녀가 은박지로 정성껏 만든 작은 트로피를 내밀었다.

은박지를 동글동글 말아 목공풀로 붙여 만든 작은 컵 모양.

세상에서 하나뿐인, 손녀 표 트로피였다. 할미만 상패가 없다고 속상해했을 아이 마음을 생각하니 가슴이 뭉클했다.

그 소중한 트로피를 품에 안고 집으로 돌아오는 길에 나는 다짐했다.

손녀에게 자랑스러운 할미가 되겠다고.

박완서 작가님도 생전에 "막살고 싶은 순간도 있었지만, 손주들 때문에 그러지 못했다" 라는 고백의 글을 본 적이 있다. 비로소 그 맘이 무엇인지 이해가 됐다. 손주란 그런 존재다.

할미에게 세상을 살아가는 이유가 되어주는 존재. 그리고 부끄럽지 않게 살아야 하는 이유이기도 하다. 이제 슬렁슬렁 살지 않겠다.

손녀의 반짝이는 눈빛을 떠올리며 성실하고 의미 있게 하루하루를 살아가고 싶다. 손녀의 눈빛엔, 나를 믿고 사랑하며 멋진 할미가 되기를 바라는 마음이 고스란히 담겨 있었다.

나는 손녀에게 꼭 보여주고 싶은 삶이 있다. 누군가의 이름 뒤에 서 있는 인생이 아니라, 내 이름으로 무언가를 이루는 삶.

그래서 오늘도 글을 쓴다. 언젠가 손녀가 이 글을 읽게 될 날을 그리며, 우리의 알록달록한 시간 들을 언제든 꺼내 볼 수 있도록 남기기 위해서다.

그렇게 성실하게 하루하루를 살아가던 어느 날, 한우리에서 그동안의 활동과 노력을 인정받아 처음으로 내 이름으로 된 표창패를 받았다. 상패를 손에 쥔 순간, 낯설면서도 손끝이 떨릴 만큼 벅찼다.

문득, 은박지로 만든 그 작은 트로피가 떠올랐다. 내 인생에서 처음 받아본 트로피. 그리고 함께 떠오르는 얼굴 하나.

"우리 할미도 상 받았어요!" 하며 활짝 웃을 손녀의 얼굴이었다.

"보나야, 할미도 이제 상패 있어!"

긴 세월 남의 이름 뒤에 서 있던 나는 이제야 내 이름 앞에 '표창' 두 글자를 붙였다. 하지만 내게 진짜 상을 준 사람은 은박지를 말아 '짱 짱 할미상'을 건네주던 손녀였다.

누군가에게 받은 첫 트로피는 은박지였지만, 그것이야말로 내 삶을 다시 시작하게 만든 가장 따뜻한 상이었다.

트로피 하나 없던 할미는 손녀의 은박지 트로피로부터 다시 꿈을 꾸기 시작했다.

그리고 그날 이후, 손녀에게 보여주고 싶은 삶을 쓰기 시작했다.

은박지 트로피 하나가 작가를 꿈꾸게 만드는 내 인생의 가장 뜨거운 착각을 선물했다.

손녀가
떠난 자리

초등학교 시절, 주삿바늘을 든 보건 선생님이 예방주사를 놓으러 오셨다.

한 줄로 길게 늘어서서 차례를 기다리던 시간. 줄이 한 명씩 줄어들 때마다 심장이 쿵 내려앉고 숨이 가빠졌다. 정작 따가운 바늘이 팔을 찌르는 순간보다, 내 차례가 다가오며 한 명 또 한 명 빠져나가는 아이들을 바라보던 그 시간이 훨씬 무섭고 괴로웠다.

손녀와의 일상이 언제까지나 계속될 줄 알았던 나의 착각은 지난 몇 달 동안 서서히 깨지기 시작했다.

그 무렵 나는 다시, 공포 앞에서 차례를 기다리던 어린 시절의 나로 돌아가 있었다. 태어나서 지금까지 줄곧 내 곁을 지켜준 손녀가 이제는 떠날 준비를 하고 있었기 때문이다.

나는 모래시계 앞에 선 사람처럼 잔인하게 흘러가는 시간을 묵묵히 버텨내고 있었다.

그동안 내 사랑들이 떠날 때마다 늘 다른 사랑이 내 곁에 있었다.

큰딸이 떠나면 작은딸이 있었고, 작은딸이 떠나면 손녀가 있었다.

나는 그렇게 이별을 견뎌왔다.

하지만 이번 이별은 그때와 달랐다. 이번엔 손녀가 떠나고 나면 정말 아무도 없다. 내 편은 하나도 남지 않고, 그저 '남의 편'인 한 사람만 남을 뿐이다. 과연 이번 이별은 내가 견딜 수 있을까?

딸이 이민을 결정한 뒤로는 손녀의 눈빛만 마주쳐도 눈가가 젖어들었다. 이 사랑스러운 얼굴을 이제는 자주 볼 수 없겠구나.

또랑또랑 "할미!" 하고 달려오던 목소리도 이제는 머릿속에서만 들리겠구나. 그 생각 하나가 하루에도 수십 번씩 가슴을 흔들었다.

"할미, 나 미국 간대."

손녀가 무겁게 말을 꺼내면 나는 본능처럼 "우리, 벌써부터 슬퍼지니까, 그 얘기는 하지 말자" 하며 서둘러 말을 막았다.

우리는 그렇게 검은 구름 속에 갇혀 있었다.

저녁마다 딸네 집에서 작별 인사를 나누고 돌아서면 고개가 절로 떨궈졌다. 집으로 돌아오는 길, 횡단보도 앞에 멈춰 신호를 기다리다가도 눈물이 흘렀다.

우리 집까지 이어지는 그 길지 않은 거리 위에 내 발길이 닿는 곳마다 눈물 자국이 조용히 흩뿌려졌다. 손녀와 손잡고 수없이 거닐던 그 길은 벌써 추억이 되고, 슬픔이 되어버렸다.

앞으로 이 커다란 빈자리를 무엇으로 메워야 할까.

에이, 괘씸한 것들.

내 앞에 핏덩이를 데려다 붙여줄 땐 언제고, 이제 와선 쏙 빼가다니. 손녀가 떠나기 전날, 딸 가족은 우리 집에서 하룻밤을 묵고 떠났다. 남편과 나는 공항에 가지 않았다. 그 슬픔을 감당할 자신이 없어서였다.

새벽, 겨우 눈물을 참아가며 손녀를 떠나보냈다.

하얘진 정신으로 욕실에 들어섰을 때 돌아앉은 비누통이 눈에 들어왔다. 순간, 참았던 눈물이 왈칵 쏟아졌다.

손녀는 늘 비누통을 돌려놓고 눌러 쓰는 버릇이 있었다.

마지막으로 손녀가 돌려놓았을 그 비누통이 나를 바라보며

"할미, 나 없이도 괜찮아요?" 하고 묻는 것만 같았다.

"아니……."

대답하려는 순간, 눈물이 또 그렁그렁 차올랐다.

주방으로 오니, 식탁 위 손녀의 물컵과 숟가락이 나를 바라본다.

"우린 이제 버려지는 거니?"

그 말 같지 않은 말이 가슴에 콕 박혀 눈물이 또르르 굴러떨어졌다.

슬픔은 물건을 타고도 찾아온다. 아주 천천히, 조용하게.

손녀의 흔적이 집 안 곳곳에서 나를 부르고 있었다. 툭하면 눈물이 터지는 나를 보며 눈치 없는 남편은 또 원론적인 소리를 꺼낸다.

"지금까지 애들이랑 그리 가깝게 지낸 게 오히려 드문 경우지. 다들 자식이랑 떨어져 살면서 그리워하잖아. 그동안 운 좋게 오래 같이 있었던 거야."

그걸 몰라서 슬퍼하겠냐고요. 언제 내 감정을 정리해 달랬어요? 그냥 하라방 책상 정리나 잘하시라고요.

흐르는 내 눈물을 굳이 가르치려 들지 말아요.

"나도 슬퍼. 좀 지나면 괜찮아질 거야." 그 한마디면 충분하다고요.

내 곁에는 슬픔을 설명하려는 긴말 대신 조용한 숨결 하나면 된다.

아홉 해 동안 함께한 손녀가 떠났다. 그 빈자리를 떠올리기만 해도 가슴 깊숙한 곳이 무너져 내린다. 커다란 슬픔은, 도대체 무엇으로 덮을 수 있을까.

그 물음이 오래 마음속을 맴돌던 어느 날, 나는 글을 쓰기로 마음먹었다. 그래서 '글쓰기' 라는 작은 방공호를 만들었다. 내게는 그런 방공호가 꼭 필요했다. 감당할 수 없는 슬픔이 몰려와 마음이 주저앉을 때마다 나는 얼른 그 안으로 몸을 숨기고 가쁘게 숨을 고른다. 그리고 또다시 일어서려 한다.

커다란 슬픔은 완전히 막을 수 없겠지만 나는 이렇게 해보려 한다.

글을 쓴다. 마음속 슬픔과 그리움을 그대로 꺼내어 종이에 옮긴다.

손녀와의 기억을 돌보고 함께 웃었던 순간들을 곱게 다시 안아본다.

작은 일상 속으로 몸을 담근다. 천천히 걷고, 밥을 짓고, 햇빛을 느낀다. 그렇게 평소와 다름없는 하루들 속에 나를 놓아본다. 그리고 사람들에게 기대본다.

"나 너무 슬퍼." 그 한마디에도 마음이 조금은 놓인다. 그렇게 오늘을 건넌다.

오늘도 잠을 설쳤다. 새벽마다 두어 번 깨서 손녀 생각에 눈물짓다 보면 날이 밝는다. 거실 창가에 서서 건너편 아파트를 바라본다. 떠올리기만 해도 마음이 따뜻해지던 그곳에, 이제는 내 손녀가 없다.

그렇게 또 하루를 맞는다. 지금은 그저, 슬퍼할 시간이다.

이 감정이 흘러가도록 두려 한다. 언젠가 조금 덜 아플 날이 오기를 바라며.

  유쾌한 착각 여왕

사랑은
이어진다

　여러 번 고백했듯이, 아이들을 키우던 시절은 내 인생에서 어리숙하고 어리벙벙한 시간이었다. 동시에, 가장 미안했던 시간이기도 했다.

　어린 엄마였던 나는 힘든 감정을 제대로 감당하지 못했고, 치사하게도 그 감정을 여과 없이 아이들에게 쏟아냈다. 체력장 매달리기 0초가 내 참을성 없음을 증명하듯, 그 시절의 나는 지금 떠올려도 한없이 부끄럽다.

　하지만 그 서툰 감정 속에도 누구보다 뜨겁고 진심이었던 사랑이 담겨 있었다. 그런 엄마 밑에서도 아이들이 건강하고 사랑스럽게 자라준 것이 나는 지금도 눈물 나도록 고맙다.

　'아이 하나를 키우려면 온 마을이 필요하다'는 말처럼, 지금 돌이켜 보면 아이들은 결코 내 힘만으로 자란 게 아니었다. 무지해서 용감했고, 때로는 위태롭고 아슬아슬했지만 이렇게 무탈하게 자라준 건, 보이지 않는 은혜와 주변의 사랑 덕분임을 믿는다.

나는 신세 지거나 빚지는 것을 잘 견디지 못하는 성격이라, 아이들에게 부족했던 내 마음이 가슴 한구석에 오래도록 매듭으로 남아 있었다. 그래서인지 이렇게 사랑스러운 손녀를 맡겨준 일은 그 미안함을 조금이나마 갚을 수 있는 기회처럼 느껴졌다.

정말 다행이고 감사한 일이었다.

사실, 이 모든 게 가능했던 건 내가 집순이였기 때문이기도 하다.

나만큼이나 나가는 것을 좋아하지 않는 손녀와 하루 종일 '지지고 볶으며' 보내는 시간은 고되기만 한 건 아니었다. 물론 마냥 말랑하기만 하지도 않았다.

샤워하는 그 짧은 틈에 몰래 눈물을 훔친 적도 있었다.

손녀를 돌보며 다시 딸을 키우는 듯한 마음이 들었고, 딸에게 미처 다 주지 못했던 마음까지 보태어 정성을 다해 하루하루를 대했다.

엄마였던 그 시절보다 더 노력했지만 그렇다고 완벽할 수는 없었다. 역시 육아는 다시 해도 여전히 매웠다.

요즘 결혼식이 끝나면 양가 어머님들이 "잘 부탁드립니다" 하고 인사한다고 한다.

그 말이 실은 서로에게 '아이 돌봄 잘 부탁한다'는 뜻이라기에 슬며시 웃음이 났다.

사람들은 엄마들이 손주를 돌보는 이유가 딸이 고생할까 봐 돕는 마음에서 비롯된다고 말한다. 물론 맞는 말이다.

그래서인지 요즘은 딸을 둔 엄마들이 손주 육아에 더 적극적으로 참여하는 경우가 많다. 그 때문에 아들만 둘 있는 엄마는 예전 '목메달에서 돌아온 금메달'이 되었다는 익살스러운 농담도 들린다. 그 말에 절로 고개가 끄덕여진다.

하지만 정작 우리가 바라는 건 금메달도, 반짝이는 롤렉스도 아니다. 손주가 건네던 그 서툰 발음의 '롤롁쓰' 한마디면, 세상 어떤 보석도 시들하게 만든다.

내 마음속에는 그런 농담보다 더 큰 이유가 있었다.

나는 그저 가까이에서 손녀를 보고 싶었다. 어쩌면 그 마음이 더 컸는지도 모른다. 나는 내 딸보다, 내 딸의 딸이 더 예쁜, 조금은 별난 할미였음을 고백한다.

힘들었던 육아였지만, 나는 그 시간을 즐겁고 감사한 마음으로 함께했다. 그 순간들은 내게 무엇과도 바꿀 수 없는 소중한 시간이었다.

온 가족이 아이 하나를 중심으로 하루를 보내던 일상은 너무도 자연스럽고 행복했다. 손녀 이야기를 꺼내면 우리는 같은 마음이 되어 함께 웃고, 함께 울고, 함께 행복했다. 밤이면 낮에 찍어둔 손녀 영상을 돌려보며 하루를 마무리하곤 했다. 가족을 이토록 완벽하게 한마음으로 모아주는 존재가 또 어디 있을까.

손녀는 우리 가족의 작은 우주, 그 자체였다.

이제 그들이 꿈을 찾아 떠난 그곳에서 후회 없이 도전하고 가슴 뛰는 경험으로 새로운 삶을 채워가길 바란다.

나 역시, 통째로 주어진 이 시간 앞에서 아직은 낯설지만, 제2의 인생을 계획하며 우리 손녀에게 더 멋진 할미로 서고 싶다.

사랑하는 내 딸과 사위야!

사랑은 기억보다 오래 남는 마음이니 우리가 함께한 그 모든 순간을 꼭 안고 살아가길 바란다.

그리고 벌써부터 그리운 우리 손녀야,

언젠가 이 글을 읽게 될 날이 오면 기억해 주렴. 비록 사랑 표현은 날것 그대로였지만, 할미의 마음은 언제나 너에게 닿아 있었다는 걸. 그 시절의 웃음도, 눈물도 모두 너로 인해 반짝이던 시간들이었단다.

너는 할미에게 다시 한번 봄날을 선물해 준 존재였어. 정말 고맙다.

반짝이고 귀여운 시간을 다시 내 삶에 채워줘서……

    유쾌한 착각 여왕

（3장）

가족, 내 삶의 합창단

" 울퉁불퉁하고 유별난, 나만의 착각 공동체다 "

울퉁불퉁 가족의
탄생

요즘은 MBTI가 성격을 제법 설득력 있게 설명해 주곤 하는데, 나는 확실히 'T' 성향이 짙은 쪽이다.

감정보다는 이성이, 공감보다는 판단이 늘 앞섰다. 연애조차 논리적으로 접근했으니, 20대에도 '백마 탄 왕자'나 '첫눈에 반하는 운명적 사랑' 따위의 로망은 없었다. 한마디로 감성 제로였다.

대학 시절, 미팅은 손에 꼽을 만큼만 나갔다.

그마저도 파트너가 당시 유행하던 '핑클 펌'을 한 남학생이라도 되는 날엔, 나는 묵언 수행하듯 입을 꾹 다문 채 앉아 있다가 조용히 돌아왔다. 40여 년 전이니, 그 시절엔 남자가 파마를 하는 일이 지금처럼 흔치 않았던 탓도 있었다.

'남자가 펌 이라니!'

지극히 주관적인 기준이었지만, 그 생각 하나만으로 상대와 친해지고 싶다는 마음은 일찌감치 접어버렸다.

그때의 나는 모든 게 FM, 그러니까 매뉴얼 대로여야 직성이 풀리는 원칙주의자였다. 비록 지금은 세상사 풍파에 닳고 닳아, 많은 것이 삐딱해진 할머니가 되어버렸지만 말이다.

그러다 어느 날, 한 선배가 다가왔다. 성실하고 스마트했지만, 외모는 내 취향과는 거리가 멀었다. '세상에, 모든 걸 다 가질 순 없단 말인가!'

속으로 눈물을 훔치며, 20대의 'T'는 과감히 외모를 포기하고 두뇌와 지구력을 선택하기로 했다.

사실 그 선택에는 나만의 은밀한 속사정이 있었다. 나는 무엇이든 처음 배울 때 남들보다 습득이 빠른 편이었다. 늘 선생님의 칭찬을 한 몸에 받으며 기분 좋게 출발하곤 했지만, 문제는 그 뒤였다.

지구력이 부족해 시간이 지날수록 페이스가 떨어졌고, 결국엔 뒤처졌던 이들과 비슷한 수준으로 마무리되는 경우가 많았다.

초반의 화려함이 무색해지는 그 뒷심 부족이 늘 아쉽고 속상했다.

그래서 나름의 설계를 시작했다. 결혼해서 아이를 낳는다면, 이런 나의 약점은 싹 빼고 서로의 강점만 쏙쏙 골라 담은 '울트라 짱 주니어'를 만들겠노라고.

남편의 명석한 두뇌와 꾸준한 엉덩이 힘, 그리고 나의 '간헐적 영

재성⑺'을 적절히 배합하면 그야말로 완벽한 조합이 될 거라 굳게 믿었다.

조금 아쉬운 남편의 기럭지는 스스로를 '아시아 표준형'이라 우기는 내가 어떻게든 커버하면 될 거라고 생각했다. 그렇게 머릿속으로는 나름 치밀한 유전자 프로그래밍을 끝마쳐 두었다.

두구두구두구… 짜ー잔!
과연, 그 치밀한 설계의 결과는?

인생은 계산기만 두드리면 원하는 결과가 나올 거라는 착각의 연속이었다. 현실은 냉혹한 '유전자의 믹스매치 실패'.

아이에게는 하필이면 나의 가장 큰 단점인 부족한 지구력이 고스란히 전해졌다. 5분마다 물을 마시러 가고, 10분마다 화장실을 들락날락하며 엉덩이를 의자에 붙여두는 시간은 길어야 고작 10분.

공부는커녕 "나는 공부보다 더 재미있는 일을 찾을 거예요!"를 입에 달고 살더니, 결국 '재미'를 삶의 기준으로 삼는 주니어가 되어버렸다.

그렇다면 기럭지 설계라도 성공했을까? 아쉽게도 그마저 뜻대로 되지 않았다. 기어이 남편의 유전자가 승기를 잡은 것이다.

결국 아이는 귀여운 호빗족 친구처럼 아담한 체형을 갖게 되었고,

내가 그토록 염원하던 '우성 유전자 조합 프로젝트'는 그렇게 조용히 막을 내렸다.

결국 혈액형도, 성격도, 생김새도 전부가 제각각인 우리 가족.
하지만 그래서 더 재미있다. 자로 잰 듯 말끔하고 가지런한 조합보다, 울퉁불퉁하고 제멋대로 섞인 지금의 모습이 훨씬 더 귀엽고 정겹다.

인생이란 게 원래 뜻하는 대로, 계획한 대로 호락호락 흘러가지 않는다. 그렇다고 좌절할 필요는 없다. 완벽만을 꿈꿨던 내게 현실은, 불완전함 속에서도 충분히 행복할 수 있다는 귀한 가르침을 주었으니까.

예상 밖의 웃음, 계획에 없던 기쁨. 그런 우연한 순간들이 모여 삶을 더욱 특별하게 만든다.

나는 완벽을 꿈꿨지만,
울퉁불퉁한 지금의 현실이 훨씬 더 재미있다.

88 여사,
김 여사님

나의 글쓰기는 오직 핸드폰 하나에 의지해 시작되었다.

컴퓨터는 낯설고 노트북은 버겁기만 했지만, 핸드폰만큼은 내 손안에 꼭 맞는 안성맞춤의 도구였다.

스치듯 글감이 떠오르면 작은 화면 위로 톡톡, 마음을 서둘러 눌러 담았다. 휘발되기 쉬운 하루의 조각과 감정들이 활자로 고정되는 순간, 비로소 글쓰기는 나의 가장 큰 유희가 되었다.

이제 브런치라는 공간에 글을 나누며 나의 세계는 더 넓어졌고, 핸드폰은 잠시도 내 손을 떠나지 않는 가장 작고 뜨거운 집필실이 되었다.

그리고 나와 함께 핸드폰을 자주 손에 올리게 된 분이 한 분 더 생겼다. 바로 올해로 여든여덟을 맞이하신 나의 엄마, '김 여사님'이다.

예전의 엄마는 새벽에 눈이 떠지면 핸드폰 게임으로 하루를 시작하곤 하셨다는데, 요즘 엄마의 아침 루틴은 조금 다르게 흐른다. 게임기였던 핸드폰이 이제는 딸의 글을 배달해 주는 창구가 된 것이다.

내 글을 읽는 시간이 하루의 시작이 되셨단다. 내 글이 브런치에 올라오는 날이면 어김없이 다정한 리뷰가 카톡 창을 두드린다.

"카톡! 카톡!"

작가님 글

잘 읽었읍니당!

눈물과 😭 웃음 😆 으로 함께~

최고예요! ♥

맞춤법은 가끔 서툴러도 딸을 향한 응원만큼은 누구보다 선명하다.

가끔 바쁜 일상에 치여 며칠간 글 소식이 뜸해질 때면, 어김없이 엄마의 귀여운 재촉이 날아온다.

"카톡! 카톡!"

울 작가 딸님!

별일 없니?

왜 새 글이 안 오르는지 궁금해서요!

건강관리도 잘 하면서 집중하셤, 사랑 ♡

내가 아닌 다른 작가의 글도 읽어보시라 권하면, 엄마는 단호하고도 분명한 거절을 보내오신다.

"카톡! 카톡!"

다른 작가 거는 시시해서 읽기 싫어유 ㅠ

아무래도 친근한 딸의 이야기보다 낯선 이야기들은 재미없으신가 보다. 오직 딸의 글만을 기다리는 엄마의 카톡을 읽다 보면, 나는 다시 핸드폰을 쥐게 된다. 작은 화면 속 나의 글자들은 이제 나만의 즐거움을 넘어, 여든여덟 엄마의 하루를 채우는 설레는 소식이 되었다.

엄마는 이모티콘도 자유자재로 쓰며 자식과 손주, 심지어 손주사위들과도 유쾌하게 소통하신다. 그 활기찬 에너지를 보고 있자면 정말이지 '나이야 가라' 라는 말이 절로 터져 나온다.

늘 배움과 도전을 즐기시는 엄마는 한때 맥도날드 시니어 아르바이트에 지원해 광고 모델로 출연한 적도 있고, 최근까지는 구연동화 할머니 선생님으로 아이들을 만나셨다. 새로운 세상 앞에서는 거침이 없었고, 실행은 부지런했으며, 준비는 치밀했다.

햄버거 아르바이트를 준비하실 때는 낯선 이름의 햄버거 종류와 그 안에 들어가는 재료 순서를 빼곡히 적어두고 시험 공부하듯 외우셨다.

심지어 완벽한 준비를 위해 우리 아이들에게 직접 햄버거 레시피 테스트까지 부탁하실 정도였다.

구연동화를 하실 때는 직접 자르고 색칠한 소품들이 온 집안을 가득 채웠다. 아이들에게 생생한 이야기를 들려주기 위해 밤낮으로 마음을 쏟던 그 모든 과정은, 단순한 취미를 넘어 진심과 열정이 담긴 거대한 '인생 프로젝트'였다.

사실 엄마와 나는 결이 참 달랐다. 나는 늘 조심스럽고 느린 편이었지만, 엄마는 언제나 빠르고 적극적이었다. 엄마는 수동적인 나를 답답해하셨고, 나는 그런 엄마의 기대가 버거워 자주 지쳐 있었다.

그렇게 서로 다른 삶의 속도는 우리 사이의 불편한 거리였다.

나는 지극히 평범한데 상대는 참 별나다며, 서로의 속도를 이해하지 못한 채 살아온 세월이었다.

하지만 손녀를 키우며 나 또한 할머니가 되고 보니, 이제야 그 '별남'이 새롭게 다가온다.

한때 나를 피곤하게 했던 엄마의 에너지가, 사실은 엄마를 오늘날까지 독립적이고 건강하게 살게 한 생명력이었음을 비로소 깨닫는다.

때로는 그 넘치는 기운이 곁에 선 가족이나 지인들을 소란스럽게 만들지는 않을까, 공연한 걱정을 보태며 마음 쓰던 시간도 있었다.

그런데 어느새 그 소란함이 내 옆으로 옮겨와 있음을 깨닫는다.

나 또한 누군가의 주변을 소란하게 만드는 건 아닌지 조심스럽지만, 생각해 보면 그마저도 치열한 살아 있음의 증거일 테다.

그 생동감 넘치는 소란함 덕분에 엄마는 누구에게도 의존하지 않은 채 스스로를 돌보며, 자신의 하루를 주도적으로 일궈 가시는 것일지도 모른다. 여든여덟의 나이에도 여전히 '자기 삶의 주인'으로 서 계신 엄마의 뒷모습은 이제 내게 맑고 왜곡 없는 거울이다.

늘 움직임은 적고 생각만 많던 나도 이제는 조금씩 달라지고 있다. 엄마의 씩씩한 기운에 물들어 가듯, 나의 계절도 천천히 변해간다. 어쩌면 생소한 화면을 마주하며 글쓰기에 도전하게 된 것도, 내 안에 잠들어 있던 엄마의 에너지가 기지개를 켠 신호일지도 모른다.

새로운 도전은 처음엔 많이 두려웠다. 하지만 이제는 두려움 앞에 멈춰 서기보다, 해보고 싶으면 그냥 해보는 쪽을 택한다. 그 길을 먼저 웃으며 걸어가고 있는 엄마라는 든든한 이정표가 있기에, 나도 용기 낼 수 있다.

"엄마, 오래도록 건강하게 곁에서 그 기운과 사랑을 나눠 주세요. 존경하고 감사합니다. 그리고 많이 사랑합니다. 나도 당신처럼 고집도 조금은 남겨두고, 기분 좋은 잘난 척도 부려 가며 느리지만 꾸준히 삶을 배우고 도전하는 그런 어른이 되고 싶습니다."

나이 듦이 더는 두렵지 않다. 이렇게 힘찬 어른이 될 수 있다면 말이다. 다가올 나의 시간도 충분히 빛날 것이라는 기분 좋은 착각을 오늘, 살며시 꺼내본다.

 유쾌한 착각 여왕

다섯 살 이모,
하기 싫어요!

나는 1남 2녀 중 장녀다. 막내인 남동생과는 일곱 살이나 차이가 난다. 딸 둘은 비교적 일찍 결혼해 각자의 가정을 꾸렸지만, 막내는 더 많은 공부를 하다가 조금 늦은 나이에야 결혼을 했다.

아기를 유난히 좋아하는 우리 집이었지만, 여동생의 막내 조카가 태어난 이후 무려 열두 해 동안 집안에는 아기 울음소리가 끊겨 있었다. 그 긴 고요를 깨뜨린 건, 뒤늦게 들려온 남동생의 득남 소식이었다.

열두 해 만에 다시 시작된 아기의 울음소리는 가족의 정적을 기분 좋게 흔들어 놓았다.

그 조카는 말 그대로 우리 집의 '소황제'였다. 작은 존재 하나가 집안의 공기를 단숨에 바꾸고, 모두의 마음을 단단히 사로잡았다.

일요일만 되면 딸들은 "쭈니 언제 와요?" 하며 안달이 났고, 녀석이 현관에 들어서기만 해도 고요하던 거실은 이내 들썩이기 시작했다.

온 가족이 빙 둘러앉아 쭈니를 한 번이라도 더 안아보려 순번을 기다리는 진풍경은 매주 반복되었다.

　기어다니기 시작할 무렵, 쭈니는 통통한 엉덩이를 씰룩이며 집 안 구석구석을 바쁘게 누볐다. 기저귀로 불룩해진 엉덩이가 어찌나 분주하던지, 그 뒷모습만 봐도 절로 웃음이 터져 나왔다. 오죽하면 딸들이 장난삼아 쭈니 배에 만보기를 채워 '하루 이동량'을 재보았을까.

　말을 배우기 시작하자 집 안의 웃음소리는 한층 더 풍성해졌다.
　어디서 배웠는지 쭈니는 느닷없이 "우리는 사랑하는 사이~"를 외치며, 앞에 나란히 앉아 있던 두 사람의 머리를 양손으로 낚아챘다.
　그리고는 억지로 머리를 맞대게 했는데, 그 모습이 꼭 '앙드레 김 쇼'의 피날레 같았다.
　뺨은 눌려 부풀고, 눈은 잔뜩 찡그린 채 마지못해 조카의 명을 받드는 가족들의 얼굴이 더해지면 거실은 순식간에 웃음바다가 되었다.
　그 포즈가 나름의 고역이었던 남편은 이제 쭈니가 등 뒤로 다가오는 기척만 느껴져도 벌떡 일어나 줄행랑을 치곤 했다.
　사랑을 강요(?)하는 소황제와, 이를 피해 도망치는 고모부의 추격전은 우리 집의 새로운 일상이 되었다.

　시간은 쉼 없이 흘러, 어느덧 그 꼬마가 유치원을 졸업했다.
　졸업식 날, 원생 대표로 무대에 올라 또박또박 답사를 읽어 내려가

　　　　　　　　　　　　　　　　　　　　유쾌한 착각 여왕

는 녀석의 모습이 어찌나 의젓하던지.

대견함에 눈시울이 뜨거워질 만큼 가슴이 뭉클해졌다.

당시 대학생이던 큰딸은 졸업반이 되자 입버릇처럼 말했다.

"쭈니 책가방은 꼭 내가 사주고 싶어. 그러려면 빨리 취업해야 하는데."

우리 부부는 그 말에 고개를 갸우뚱했다.

도대체 취업의 목표가 자아실현이나 꿈을 향한 도전 같은 거창한 게 아니라, 왜 사촌동생의 가방이어야 하느냐며 어이없는 웃음이 터져 나왔지만, 그 엉뚱한 진심이 왠지 모르게 귀여웠다.

서운함보다는 누나로서의 대견함과 서로를 아끼는 마음이 전해 와 가슴 한편이 훈훈해졌다.

정말 말이 씨가 된 걸까. 졸업을 몇 달 앞둔 어느 날, 딸은 보란 듯 대기업 합격 통지서를 받아 들었다.

간절히 말하는 대로 이루어지는, 마법 같은 순간이었다.

딸은 바람대로 쭈니의 초등학교 입학을 앞두고 백화점에서 고른 멋진 책가방을 선물했다. 그날 딸의 얼굴에 가득했던 환한 웃음을 보며 문득 이런 생각이 들었다. 아, 꿈을 이룬 사람은 정말 행복하구나.

쭈니는 그렇게 온 가족의 사랑을 독차지하며 자라났고, 여동생이 태어나면서 그 독보적인 인기도 자연스레 나누게 되었다.

가족이 모이는 날이면 외식을 나가는 길에도 쭈니 동생을 안는 일은 주로 남편의 차지였다. 넓은 품이 편했던지 아기는 남편 품에 안기기만 하면 금세 잠들었고, 한때 쭈니의 추격을 피해 도망치던 남편은 어느새 능숙한 '조카 바보'가 되어, 곯아떨어진 아기를 보며 "자, 떡 실신녀 등장하셨습니다~" 하고 너스레를 떨곤 했다.

아기에게 큰 관심 없던 남편이 결혼과 육아를 거치며 나를 닮아 갔고, 어느새 아기를 좋아하는 사람이 되었다는 사실도 재미있다. 조카들이 집에 놀러 오기라도 하면, 먼저 안아보겠다며 누워있던 소파에서 슬쩍 일어나 줄 서 있던 우리를 제치고 당당히 새치기를 하곤 했다.

그럴 때면 바른 생활 주의자인 작은딸은 입이 댓 발 나왔고, 시크한 큰딸은 체념한 듯 조용히 줄 뒤로 물러섰다.

그렇게 사랑을 주고받는 시끌벅적한 시간이 흐르는 사이, 어느덧 큰딸이 결혼을 했다. 그리고 얼마 지나지 않아, 우리 집에는 또 한 명의 보석 같은 아기가 태어났다.

한때 우리의 품을 가득 채웠던 아기 조카들이 이제는 그 새로운 아기를 보러 집 문을 두드린다. 작은 무릎 위에 갓난아기를 살포시 올려주자, 아이들은 모든 것이 신기한 듯 연신 방긋 웃음을 터뜨렸다. 불과 얼마 전까지만 해도 그들 역시 그렇게 작고 여린 아기들이었는데 말이다.

“쭌아, 민아. 이제 너희 조카야.

쭈니는 삼촌이 되고, 민이는 이모가 됐네.”

우리의 설명에 아이들은 그저 그런가 보다, 고개를 끄덕였다.

특히 초등학생인 쭈니는 ‘삼촌’이라는 호칭이 아직 제 옷 같지 않은 지 별다른 반응이 없었다.

아기의 보드라운 볼을 슬쩍 건드리거나, 하품하는 작은 입을 신기한 듯 들여다볼 뿐이었다.

그런데 그때, 조용히 아기를 바라보던 민이가 갑자기 울먹이며 말했다. “잉… 나는 이모 싫은데. 나도 언니 하고 싶단 말이야!”

아기보다 겨우 네 살 많은 자기가 벌써 이모가 되었다는 사실이, 생각할수록 못마땅하고 서러웠나 보다.

자기 눈엔 한참 어른처럼 보이는 큰언니들과 같은 호칭으로 불린다는 게 어린 마음엔 도무지 받아들여지지 않았던 모양이다.

덧붙여, 그 어린 이모님의 어머니 역시 서른아홉의 나이에 ‘외숙모 할머니’가 되어버렸다는 사실은 또 하나의 억울한 현실이었다.

어쩌면 민이의 그 억울한 표정 뒤에는 ‘나도 누군가에게 보살핌받는 아이이고 싶다’는 무의식적인 외침이 숨어 있었는지도 모르겠다.

그렇게 다섯 살 ‘이모님’의 귀여운 절규를 끝으로, 우리 집의 떠들썩한 아기 상봉식은 마무리되었다. 그러면서 문득 이런 생각이 들었다.

나는 아이들에게만큼은, 억울함이란 없는 세상이 존재하는 줄로만 착각하고 있었던 게 아닐까?

참 묘한 게 인생이다. 나이와 상관없이 누구에게나 제 몫의 억울한 순간은 찾아온다.

겨우 다섯 살짜리 아이에게조차도.

시간은 모두에게 공평하게 흐르지만, 그 시간을 받아들이는 감정의 무늬는 저마다 다르다.

누군가는 억울하고, 누군가는 슬프며, 또 누군가는 그저 덤덤하다.

엄마였던 우리는 어느덧 할머니가 되었고, 사촌 형제와 책가방을 주고받던 아이들은 이제 아기를 품에 안고 웃는 어른이 되었다.

그 시절 우리가 나누었던 장난과 추억은 아이들에게 고스란히 전해지고, 우리는 그렇게 세대와 세대를 잇는 고리가 되어간다.

한 세대의 기억은 다음 세대의 웃음이 되고, 그 웃음은 다시 새로운 추억이 되어 삶의 물결처럼 쉼 없이 흐른다.

그렇게 삶은, 고맙게도 멈추지 않고 이어진다. 우리는 서로의 기억과 웃음을 덧대며 '가족'이라는 이름으로 함께 흐르고 있다.

이 따뜻하고 찬란한 흐름은, 과연 어디까지 이어질까?

너 같은 딸 키워봐라
(사춘기 폭풍)

우리 집 식구들은 유난히 아기를 좋아한다.

통통한 볼살을 주무르고 싶은 갓난아기부터 서툰 말로 "안냐~옹" 하고 인사하는 유아들까지, 길거리에서나 엘리베이터 안에서나 우리 집 식구들의 눈길은 늘 그들에게 꽂혔다.

하지만 나는 내 아이들을 키우기 전엔 몰랐었다. 그렇게 예쁜 시절이 지나고 나면, 엄청나게 무서운 시절이 매복해 있다는 것을. 바로, '환장의 사춘기'였다.

우리 아이들이 그 시절을 통과할 때, 나는 굳은 다짐을 했다.

앞으로 어떤 사춘기 아이라도 말도 섞지 않으리라고.

그만큼 사춘기는 나를 호되게 할퀴었다. 우리 집 유일한 E 성향의 큰딸은 비평준화 지역의 고등학교에 입학했다.

첫날부터 밤 10시가 넘어 귀가하는 생활이 시작됐다.

밤늦은 '야자 타임'을 버거워했기에, 딸이 집에 들어설 때마다 마치 시한폭탄이 우리 집에 굴러들어 오는 듯했다. 말 한마디 잘못 건드리면 '펑' 하고 터질 것 같아 나는 숨죽인 채 딸의 표정만 살필 뿐, 아무것도 할 수 없었다. 집에만 오면 하는 소리는 늘 이랬다.

"선생님은 마녀고, 친구들은 도깨비야."

선생님은 숨통을 조이는 규칙만 강조했고, 친구들은 쉬는 시간에도 자리에 앉아 책만 들여다봤단다. 같은 자리에 오래 앉아 있지 못하는 딸은 쉬는 시간조차 놀아줄 친구가 없어 몹시 힘들었나 보다.

"학교는 나를 삼켜버리려는 괴물 같아! 깜깜한 저녁, 형광등 아래에서 식판을 들고 줄 서 있는 내가 너무 불쌍해 보여."

결국 딸은 눈물까지 보이며 흐느꼈고, 보다 못한 남편이 나섰다.

"한 달만 버텨보자. 그래도 힘들면, 아빠랑 같이 괴물 학교에 불 지르고 도망가자."

위로랍시고 하는 소리가 저 모양이니 나는 기가 막혔다.

그런데 놀랍게도 우리 딸이 "아빠, 카리스마 있네?" 하곤 씨익 웃으며 눈물을 닦는 것이 아닌가.

오머나! 저 둘은 도토리 키재기처럼 수준이 딱 맞는 부녀였던 건가?

정말로 한 달이 채 지나기도 전에 딸은 코드가 맞는 무리를 귀신같

  유쾌한 착각 여왕

이 찾아내는 데 성공했다. 쉬는 시간마다 말뚝박기, 김밥 말기, 매점 정복하기에 여념이 없었고, 학교생활은 '살판'난 듯했다.

입학하자마자 온 집안을 전시 상황으로 몰아넣고 절대로 적응 못 할 것처럼 울고불고하더니만, 이제는 초등학생 동생에게 이러고 있다.

"너도 학교 가보면 알게 될 거야. 고등학교가 얼마나 재밌는지."

집안 전체를 들쑤셔놓고 불과 3주 만에 돌아선 변심이라니.

마치 간신 나라에 충신이 따로 없는 듯했다.

그렇게 학교 적응은 일단락됐지만, 사춘기 폭풍은 이제 막 정점을 향해 달리고 있었다.

우리는 서로 눈을 마주 보고 대화할 수 없었다.

내가 한마디를 하면 딸은 발끈한 망아지처럼 고개를 세차게 흔들며 '따다다다' 쏘아붙였다.

그 말들은 화살처럼 날아와 내 가슴에 슉슉슉, 그대로 꽂혔다.

결국 나는 노트를 꺼내 들었다.

서로 말로 부딪히면 다칠 게 뻔했기에, 밤마다 전하고 싶은 말을 조심스럽게 적어 딸의 머리맡에 놓아두었고, 딸은 아침이면 짤막한 답을 적어두고 등교했다.

그때의 나는, 사춘기를 어떻게든 해결해야 할 문제라고 생각했다.

아이를 바로잡아야 한다고, 이 시간을 통제해야 한다고 착각했다.

하지만 말 대신 글을 택하며 알게 됐다. 사춘기는 고치는 일이 아니라, 다치지 않고 함께 통과하는 시간이라는 것을.

말 대신 글로 주고받는 소통으로 우리는 서로를 다치게 하지 않으려 애썼다. 소리 없는 전쟁이었다. 그땐 몰랐다. 이것이 전쟁의 끝이 아니라, 내가 조금 다른 방식으로 다시 자라고 있다는 신호였다는 걸.

결국 모든 것은, 시간이 지나면서 조금씩 제자리를 찾아주었다.

장맛비가 멈추고 먹구름이 서서히 걷히듯, 우리가 미처 알아차리기도 전에 사춘기는 그렇게 지나갔고, 딸은 다시, 예전처럼 밝고 긍정적인 모습으로 돌아왔다.

고등학교 시절 함께하던 그 친구들은 지금까지도 둘도 없는 소중한 친구들이 되었고, 회사 연수에서 우연히 만나게 된 고등학교 선배들과도 반가운 인연을 이어가고 있다.

감사한 건, '그 난리를 치던 애가 맞나?' 싶을 정도로 멀쩡해진 딸이 지금은 회사 생활도 즐겁게 하고, 자신의 삶도 잘 가꾸며 살아가고 있다는 사실이다.

어느 순간부터 앞집의 귀엽던 똘똘이가 인사도 하지 않는다. 눈을 아래로 깔고 제대로 뜨지 않는다. 무서운 것이 온 게다.

나도 괜히 모른 척하며 스쳐 지나간다. 하지만 안다. 그 눈이 다시 또렷해지는 날이 반드시 올 거라는 걸.

그때는 그저 웃으며 인사하면 된다. "안녕?"하고, 아무 일 없었던 듯이.

딸의 사춘기가 폭풍처럼 몰아치던 그 시절, 속으로 몇 번이고 중얼거렸었다.

'너도 너 같은 딸 한번 키워 봐라.'

그땐 정말, 그렇게라도 화풀이를 해야만 했다.

그런데 재밌는 노릇이다. 그 딸을 또 내가 키운다. 안아주고, 웃겨주고, 토닥이며 오늘도 곁을 지킨다.

물론, 사춘기 오기 전까지만.

그때가 되면 나는 당당히 말할 거다.

"자, 이제 네 차례다.

너 같은 딸은 네가 직접 키워라!"

모여라,
박 서방!

한창 육아와 살림에 치이던 시절, 금요일 밤이면 어김없이 챙겨보던 단막극이 있었다.

제목은 〈드라마 게임〉.

부부의 갈등을 주제로 한 단편 드라마였는데, 현실적인 이야기로 인기를 끌었다. 드라마를 즐겨 보지 않던 나조차 아이들을 재운 뒤, 조용해진 거실에서 은근히 그 시간을 기다리게 되었다.

불륜, 파탄, 숨겨진 비밀 같은 소재는 흔했고, 결말 또한 뻔한 경우가 많았다. 그런데도 이상하게 자꾸 채널을 찾게 됐다. 어쩌면 금요일 밤이라는 시간대 자체가 가진 마력이었는지도 모르겠다.

그런데 보다 보니 유독 눈에 띄는 공통점이 하나 있었다.

드라마 속 문제 많은 남편들, 그 이름이 하나같이 '박서방'이었던 것이다.

극 중 장모님들은 어김없이 외쳤다.

"이보게, 박서방!"

"박서방, 왜 이러나!"

박서방, 박서방, 박서방…….

어느 순간 나는 혼자 결론을 내리고 말았다.

'확률적으로 문제 있는 서방은 박씨가 많은가 보지? 내 그럴 줄 알았어.'

괜히 남편에게 툴툴대며 시비를 걸기도 했다.

"어쩐지 늘 2% 부족하더라니, 박씨라서 그랬나 봐, 하여간 박씨들은 왜 이래?"

지금 생각하면 참 유치한 착각이었지만, 그땐 진심이었다.

그러다 자연스럽게 나의 아버지가 떠올랐다. 책을 좋아하고 번역 일을 하셨지만, 손으로 하는 일에는 영 소질이 없으셨던 분. 못 하나 제대로 박지 못했고, 전구 하나 갈아 끼우는 일도 늘 엄마 몫이었다.

그런 아버지를 곁에서 지켜본 엄마는 손재주 좋은 옆집 남편들을 늘 부러워했다. 그래서 내가 남자 친구가 생겼다고 하자, 엄마는 제일 먼저 이렇게 물었다.

"못은 박을 줄 안다디?"

엄마 말 잘 듣는 순진한 딸은 그대로 그에게 가서 물었다.

"그 정도는 문제없지!" 호기롭게 대답하던 그 남자.

맥가이버까진 바라지 않아도, 적어도 아버지보다는 낫겠거니 싶었다.

그리고 나는 그 말을 철석같이 믿었다.

하지만 결혼 후, 그는 완전히 다른 사람이었다. 프린터 잉크 교체는 물론, 에어컨과 공기청정기 필터 청소까지 모두 내 담당이었다. 뭔가를 분해해 놓고는 다시 조립하지 못하는 타고난 기계치였다.

그토록 큰소리치던 못 박기조차, 입으로만 '탕탕'이었다.

모두 잠든 고요한 새벽, 복도에서 액자가 '와장창!' 소리를 내며 떨어졌다. 남편이 어설프게 박아둔 못이 빠지며, 나의 기대마저 산산조각이 났다.

전구는 남편 손을 거치면 이상하게 불이 들어오지 않았고, 청소한 에어컨 필터를 거꾸로 끼워 넣는 놀라운 재주도 있었다. 주기적으로 교체해야 할 소모품들마저, 하필 남편 손이 닿을 때면 고장이 났다.

그래서 나는 그를 이렇게 부르기로 했다. '마이너스의 손'.

물론 나라고 완벽한 사람은 아니다. 마이너스의 손은 아니지만, 치

　　　　　　　　　　　　　　　　　　　　유쾌한 착각 여왕

명적인 길치다. 아이큐 검사에서도 방향 감각이 떨어진다는 결과가 나왔고, 대학 시절엔 시간마다 바뀌는 강의실을 혼자 찾지 못해 늘 친구들 뒤를 졸졸 따라다녔다.

시청역 지하에서 출구를 못 찾아 한 시간 넘게 뱅글뱅글 돌았던 웃지 못할 일도 있다.

누구나 잘하는 것이 있고, 부족한 것이 있다. 그렇게 우리 부부는 엄마 세대에 이어 우리 세대까지, 여전히 '각자도생'의 삶을 살아왔다.

그러던 어느 날, 시누이와 동서와 수다를 떨다 어김없이 '박서방' 이야기가 나왔다. 드라마 속 문제 많은 남편들은 거의 박씨라며, 나는 웃자고 남편 흉을 보듯 농담을 던졌다. 시누이는 크게 웃어넘겼지만, 동서는 진지하게 말했다.

"형님, 남자는 다 여자 하기 나름이에요."

헉! CF에서나 보던 말을 현실에서 정면으로 듣게 될 줄이야.

'그럼, 문제는 남편이 아니고 나였단 말인가?'

내가 혼란스러워하고 있을 때, 동서는 말을 이었다.

"저는 결혼 전에 배우자 기도를 아주 구체적으로 했어요. 신기하게도 남편을 처음 만났을 때, 기도 내용과 거의 일치했어요."

아, 바로 그거였구나. 나는 그런 기도의 방식이 있는 줄도 몰랐다.

너무 이르게, 떠밀리듯 결혼했기에 이상형이나 배우자를 위한 기도를 생각할 겨를조차 없었다.

그렇다면 내 두 딸만큼은 꼭 성공해야지. 나처럼 발등 찍히는 일은 없어야지 싶었다. 그날부터 매일 저녁 기도에 '사위를 위한 기도'를 한 줄씩 보탰다. 너무 많은 걸 바라면 혹시라도 안 들어주실까 봐, 최대한 짧고 간결하게.

딸들 마음고생시키지 않고,
밥은 굶기지 않을 능력이 있으며,
무엇보다 소통이 되는 다정한 사람.

욕심인 줄 알지만, 세례받은 사람이라는 조건도 조심스럽게 덧붙였다.

사실 딸 가진 엄마 마음이란, 백마 탄 왕자가 와도 어딘가 서운한 법이다. 장녀였던 나를 시집보내던 엄마의 마음이 그러했듯, 나 역시 복잡한 심정으로 마음의 준비를 하고 있었다.

그렇게 기도하던 중, 어느 날 큰딸이 반듯한 청년을 데려왔다.

말간 얼굴, 착한 눈매. 그런데 하필이면, 박씨였다.

'허허, 이 무슨 운명의 장난인가. 우리 집 운명은 또다시 드라마 박 서방인가?'

마음속으로 온갖 의심을 품고 요리조리 살펴보았지만, 다행히도 문제의 박서방 기운은 눈곱만큼도 느껴지지 않았다. 큰사위는 수려한 외모, 야무진 손재주, 성실함까지 두루 갖춘 사람이었다.

못 박기, 이케아 가구 조립, 환풍기와 전등 교체까지 척척 해냈다.

남자가 손으로 무언가를 해내는 모습이 내겐 낯설고도 새로운 경험이었다.

'아, 이 사람은 그 '외'의 박씨였구나.' 마음이 놓였다.

내 사랑스러운 손녀까지 안겨주고, 오손도손 잘 살고 있다.

사람 욕심이라는 게 참 간사해서, 이렇게 만족스러운 경험을 하고 나니 막내 사위를 위한 기도에는 당당히 '애교' 하나가 더해졌다.

그로부터 십 년 후, 작은딸이 결혼하고 싶은 사람이라며 남자를 데려왔다. 동글동글한 얼굴에 마음까지 맑아 보이는 웃음.

그저 바라보는 것만으로도 절로 미소가 지어지는 귀여운 친구였다.

그런데 이번에도, 또 박씨였다.

'허 참, 또 드라마 게임이 시작이네.'

우리 집을 둘러싼 참으로 질기고도 깊은 박씨와의 인연이다.

이번에도 매의 눈으로 살폈지만, 역시나 '문제의 박서방'의 기미는 조금도 없었다. 그들도 축복 속에 부부가 되었다.

그리하여 지금 우리 집에는 여섯 명의 박 씨들이 모이게 되었고, 유일한 유 씨 하나가 그들 사이에서 잘난 척하며 살고 있다.

나는 이제 확실히 안다.

드라마 속 박 서방들이 문제가 된 건 성씨 때문이 아니라, 결국 사람이 문제였다는 것을. '박씨는 원래 그래' 하며 남편 흉을 보던 나의 말버릇 역시 돌아보면 내 인성의 문제였다는 것을. 입만 살아 있는 사람보다 묵묵히 손을 쓰는 사람이 고맙고, 희망 섞인 약속보다 행동으로 증명하는 사람이 진짜라는 것을.

기도의 응답은 결국 감사와 사랑이었다.

두 사위를 통해 우리 가족은 더 단단해지고, 더 넓어졌으며, 더 따뜻해졌다.

이제 나는 더 이상 205호 이웃집 남편의 손재주를 부러워하지 않는다. 우리 딸들에겐 맥가이버급 사위가 둘이나 있으니, 그걸로 충분하다. 나는 부족했으나, 딸들 곁엔 더 나은 사람이 있다.

이 얼마나 감사한 일인가.

어쩌면 인생이란 그런 것인지도 모른다. 간절히 바라면, 언젠가는 예상치 못한 모양으로라도 결국 이루어진다는 것.

엄마부터 나의 세대까지 그토록 맥가이버 같은 남편을 부러워했더니, 하늘에서 "옜다, 사위다!" 하며 남편 대신 맥가이버 사위를 뚝 떨어뜨려 주셨다.

그것도 하나가 아니라, 두 배로.

'마이너스의 손' 남편과 살아온 내가 딸들에게는 '플러스의 손' 사위를 물려주었으니, 인생 전체 손익 계산은 확실히 남는 장사다.

그리고 이 모든 이야기의 시작이 바로 그 마이너스의 손 남편이었다고 생각하면, 남편 인생이 또 묘하게 사랑스러워진다.

드라마 속 박 서방을 보며 흥분하던 그 밤들이
이렇게 내 곁의 박씨 사위들로 이어질 줄,
그 누가 알았을까.

근육보다
귀여움에 흔들린다

"팡팡… 팡팡팡"

십여 년 전, 애니팡이라는 휴대폰 게임이 한창 유행하던 시절이 있었다.

저녁 식사와 주방 정리를 마치고 나면, 나는 애니팡으로 하루의 휴식을 대신하곤 했다.

하지만 젊은이들처럼 빠르게 '팡팡' 터뜨리지 못해 점수는 늘 제자리였고, 금세 바닥나는 하트 탓에 게임은 언제나 짧은 순간에 끝나버렸다.

돈을 주고 하트를 사자니 영 내키지 않아, 미련이 남은 나는 애꿎은 화면만 만지작거리며 하트가 채워지기를 기다리곤 했다.

그러던 어느 날, 부족한 하트를 구할 묘안이 번뜩 떠올랐다.

그날 회식 중이던 큰딸에게 전화를 걸어 철없는 부탁을 덜컥 해버린 것이다.

"주변 동기나 선배들에게 하트 좀 보내달라고 해줘."

그때, 수화기 너머에서 크게 웃음을 터뜨린 사람이 있었다.

바로 지금의 내 큰사위다.

당시 두 사람은 그저 선후배 사이였다. 점잖고 진지한 성격인 그에게, 딸의 직장 동료들에게 하트를 '구걸'하는 엄마의 등장은 꽤나 신선하고 흥미로운 구경거리였던 모양이다. 덕분에 착한 동료들이 보내준 소중한 하트로 나는 애니팡의 즐거움을 조금 더 누릴 수 있었다.

그리고 훗날, 한 치 앞도 모르는 운명은 이 철없는 엄마와 점잖은 청년을 '장모와 사위'라는 인연으로 묶어주었다.

사위야, 그럴 줄 알았으면 그때 웃지만 말고 하트나 좀 더 빵빵하게 보내주지 그랬니. 그랬다면 결혼 전부터 장모에게 백 점 만점을 받는 황홀한 사위가 되었을 텐데.

그렇게 우리는 가족이 되었다.

성실하고 부지런한 사위는 장모의 부탁이면 언제든 한걸음에 달려와 주었고, 우리는 예쁜 카페에서 브런치를 즐기거나 여행을 떠나며 정다운 시간을 차곡차곡 쌓아왔다.

그러다 지난여름, 딸네 가족은 정든 한국을 떠나 멀리 미국에 자리를 잡았다. 낯선 환경에 막 발을 내디딘 사위는 처음엔 망설였지만,

"아빠랑 같이하고 싶다"는 손녀의 간절한 요청에 결국 성가대회 무대에 함께 올랐다고 한다.

보내온 영상 속에는 맨 앞에서 환하게 노래하는 손녀와, 그 뒷줄에서 양팔을 가지런히 허리에 붙인 채 무릎을 까딱까딱 율동하며 노래하는 사위의 모습이 담겨 있었다.

평소 선비처럼 점잖기만 하던 사위가 보여준 그 '진중한 귀여움'이라니. 혹시 시아버님이 율동하는 모습을 보았더라도 이만큼 파격적인 울림이었을까. 가족들은 한동안 웃음을 멈출 수 없었다. 하지만 나는 웃음보다 먼저 벅찬 감동이 밀려왔다.

낯선 땅에서 사랑하는 아내와 딸을 위해 기꺼이 맞춘 화음과 율동.

그 모습은 그 자체로 '가족'이라는 가장 강력한 힘을 보여주고 있었다. 흔히 가장의 무게는 어깨에 있다고들 말하지만, 나는 사위의 무릎에서 그 무게를 보았다.

결국 진정한 남자다움은 꼿꼿한 버티기보다 유연한 굽힘이고, 허세보다 다정함이며, 근육보다 마음이라는 것을.

우리는 남자다움을 근육질의 몸집이나 굽히지 않는 체면에서 찾곤 하지만, 근육 많은 남편의 팔베개가 몹시 불편하다는 어느 아내의 솔직한 고백을 들은 뒤로는 그 막연한 환상마저 깔끔히 접어버렸다.

삶의 무게라는 것이 늘 크고 단단한 곳에만 깃드는 것도 아니었다.

언젠가 한 친구는 남편에게 사과하라고 했더니, 멋쩍은 말 대신 냉장고에서 진짜 사과 한 알을 꺼내 건네더란다.

그 엉뚱하고 귀여운 사과 하나에는 백 마디 말보다 큰 화해의 힘이 담겨 있었다.

이런 작은 몸짓들을 보며 나는 깨달았다. 남자다움을 너무 거창한 데서만 찾으려 했던 내 오래된 착각을.

때로는 그 작은 까딱거림이, 사과 한 알이, 가족을 이어주고 사랑을 지켜주는 단단한 힘이 되기도 한다는 것을 이제는 안다.

영상을 통해 본 사위의 정직한 율동 앞에서 나는 웃었고, 감동했으며, 내 안의 오래된 믿음 하나를 조용히 바꾸었다.

그 시절 애니팡 하트 하나에 일희일비하던 장모에게

사위는 이제 타국에서 보내온 마음의 하트로 답하고 있다.

그날 박자를 맞추던 그 작은 몸짓.

나는 그 용기를 오래 기억할 것이다.

그것이 내가 오래 착각해 왔던 '남자다움'의 또 다른 얼굴이었으니까.

푸바오
조카들

내게는 푸바오랑 몸무게로 친구 먹는 두 조카가 있다.

우리 집 역사상, 가장 '무게감' 있는 인물들이기도 하다.

어릴 때 호주로 건너가 이제는 한국어보다 영어가 더 익숙한 성인이 되었고, 그곳에서 성실히 삶을 일구어나가고 있다.

'먹방 요정'들이 한국에 오면 꼭 데려가는 곳이 있다. 바로 뷔페다. 본전 생각 안 나게 해 주는 우리 집 유일한 멤버들이기 때문이다.

배를 든든히 채운 뒤에도 후식은 결코 빠지는 법이 없다. 그중에서도 소프트아이스크림을 무려 20cm 높이로 아슬아슬하게 쌓아 올려, 덩치 큰 두 사람이 두 손으로 공손히 받쳐 들고 자리로 걸어오는 모습이라니. 무너지지 않고 자리에 내려놓기만 하면, 그다음은 순식간이다.

그 모습을 보며 나는 생각한다. 몸집과 순수함은 정말 아무 상관이 없다고……

살집이라곤 없는 우리 손녀에게도, 푸바오 몸무게에 육박하는 두 조카에게도 순수함에는 '커트라인'이 없었다.

스무 살 넘는 나이 차가 무색하게 셋이 모이면 늘 한바탕 난리가 난다. 노는 모양새도, 터져 나오는 웃음소리도, 서로 통하는 순수함의 주파수도 놀라우리만큼 잘 맞아떨어진다.

그 광경을 보고 있노라면 우리도 어느새 배꼽을 잡고 웃게 된다.

이제는 덩치가 산만해진 녀석들을 보며, 문득 그 옛날의 작은 주먹들이 떠오른다. 조카들은 어릴 적부터 또래 남자아이들보다 한결 온순했다. 내가 아는 남자아이들을 통틀어 가장 착한 편에 속했을 정도다.

우리 큰딸은 그런 사촌 동생의 백일 사진을 코팅해 책받침으로 만들어 학교에 들고 다닐 만큼 유난했다. 사촌 동생만 만났다 하면, 그 작은 체구로 자기만 한 동생들을 품에 안고 다니곤 했다. 그럴 때면 언니의 사랑을 빼앗긴 작은딸은 심통이 나 동생들을 은근슬쩍 괴롭히곤 했다.

하지만 조카들은 겨우 한 살 위인 누나의 심술에도 꼼짝 못 하는 착한 순둥이들이었다.

'딸 둘 엄마'인 나와 '아들 둘 엄마'인 여동생은 공동 육아라는 이름으로 자주 어울려 다녔다.

장롱면허인 나는 운전을 못 했기에, 베스트 드라이버인 동생은 장거리도 마다치 않고 곳곳을 시원하게 달려주었다.

튤립이 흐드러진 봄날엔 에버랜드로 꽃놀이를, 크리스마스 이브엔 롯데월드에서 야간 개장까지 즐기며 신나게 뛰놀았다.

겨울엔 눈썰매장으로, 여름엔 푸른 바다로 향하며 우리는 계절마다 소중한 추억을 차곡차곡 쌓아 올렸다.

필름 카메라를 쓰던 시절이라 사진을 인화해 찾아보는 재미도 남달랐다. 갓 인화된 사진 속에서 '차렷!' 자세로 얼어있던 아기 조카들은, 어느새 한 장 한 장 넘길 때마다 "번개 파워!"를 외치며 주먹을 내지르는 늠름한 개구쟁이로 변해가고 있었다.

사진마다 야무지게 내뻗은 조카들의 주먹을 볼 때면, 귓가에는 어김없이 "번개 파워!!!" 하는 씩씩한 외침이 메아리처럼 들려오는 듯했다.

그렇게 한 형제처럼 단짝으로 붙어 다니던 조카들이 어느 날 호주로 이민을 떠나게 되었다.

아이들을 조금 더 넓고 자유로운 세상에서 공부시키고 싶다는 동생 부부의 결단이었다. 자주 품에 끼고 지내던 아이들을 멀리 보낸다는 서운함은 필설로 다 할 수 없었지만, 조카들의 앞날을 위해 그 허전한 마음을 꾹꾹 눌러 담으며 깊은 응원을 보냈다.

　　　　　　　　　　　　　　　　　유쾌한 착각 여왕

떠나는 날, 큰 조카의 손을 꼭 잡는 순간 마음 깊이 눌러 두었던 슬픔이 왈칵 터져 나왔다.

울음을 들키지 않으려 일부러 목소리에 힘을 주어 물었다.

"우리 조카, 호주 가서도 씩씩하게 잘 지낼 수 있지?"

'만두'라는 별명만 불러도 배시시 좋아하던 녀석은, 통통한 볼살을 내밀고 까만 눈을 반짝이며 당차게 대답했다.

"응! 이모, 나 영어도 잘해. 말이 영어로 '호올스'야!"

그렇게 달랑 '홀스' 한 단어에 의지한 채, 호주행 비행기에 올랐다.

큰 조카는 일곱 살, 작은 조카는 고작 다섯 살. 한창 예쁜 짓만 골라 하던, 내 일상의 공기 같던 두 녀석이 툭, 빠져나가 버렸다.

두 녀석이 떠난 뒤, 내 하루는 어느새 색 바랜 사진처럼 빛을 잃어가고 있었다. 매일 같이 집안을 채우던 웃음소리와 재잘거림이 걷혀버리자, 시간은 무심하게도 흐를 뿐이었다. 나는 그 빈 자리에서 동생과 조카들의 흔적을 더듬으며, 서서히 그리움의 심연 속으로 잠겨 갔다.

살다 보면 그런 날이 있다. 보이지 않는 무언가가 슬쩍 발을 걸어 넘어뜨리려는 듯, 하는 일마다 꼬이고 마음마저 사나워지는 날.

남편과는 이유조차 기억나지 않는 사소한 일로 말다툼을 벌였고, 큰딸은 무언가에 토라진 채 휙 하니 등굣길에 올랐다.

평소 살갑던 작은딸마저 눈치만 보다 도망치듯 나가버렸다.

하필, 내 생일날이었다. 가족 중 그 누구에게서도 축하한다는 말 한 마디 듣지 못했다. 평생을 통틀어 가장 우울하고 시린 생일이었다.

나는 집을 견디지 못하고 나와 백화점으로 향했다. 평소라면 쳐다보지도 않았을 비싼 정장을 홧김에 사버렸다. 그 순간에는 그저 뭔가라도 해야만 할 것 같았다.

하지만 쇼핑백을 들고 돌아온 집은 여전히 차가운 정적 속에 잠겨 있었다. 손에는 비싼 옷 봉투가 들려 있었지만, 위로는커녕 충동적인 지출의 씁쓸함만 남아 있었다. 분명 내가 태어난 날인데, 세상 어디에도 나의 존재를 기억해 주는 사람은 없는 것만 같았다.

그때였다. 거실 한구석에서 전화 자동응답기의 빨간 불빛이 깜빡이고 있었다. 누굴까, 싶어 다가가 재생 버튼을 눌렀다. 그리고 이내, 귀에 익은 목소리가 흘러나왔다.

"이모! 이모! 생일 축하해~~ 히히."
"야, 밀지 마!"
"해피 버스 데이 투 유~ 사랑하는 이모의~ 생일 축하합니다! 하하, 깔깔!"
두 조카 녀석이 수화기 앞에서 서로 먼저 축하하겠다며 복작거리는 소리가 들려왔다.

내가 백화점을 헤매던 사이, 아이들이 깔깔대며 불러준 생일 축하 노래가 자동응답기에 국제전화 메시지로 남아 있었다. 그 노래에는 내 생일을 잊지 않은 동생의 다정한 배려가 고스란히 담겨 있었다.

아이들의 천진난만한 웃음이 귀에 맴도는 순간, 나는 결국 무너지고 말았다. 하루 종일 꼿꼿하게 버티던 서운함이 그 목소리에 씻겨 단숨에 흘러내렸다. 나는 수화기 옆에 그대로 주저앉아, 참았던 울음을 아이처럼 터뜨렸다.

그날, 문득 알았다. 내게는 세상에서 '엄마'만큼이나 정겨운 '이모'라는 이름이 하나 더 있다는 것을. 사람을 버티게 하는 건 거창한 위로나 선물이 아니라 누군가가 나를 부르는 방식일지도 모른다.

기분이 가라앉고 서글퍼지는 날이면 당장이라도 달려가 꼭 안아주고 싶은 나의 소중한 조카들.

비록 지금은 나보다 몰라보게 듬직해진 성인이 되었지만, 나는 지금도 잊지 않는다.

수화기 너머 그 목소리를 들으며 평생 너희들에게 '충성'하리라 결심했던 그날의 기억을. 내 마음은 여전히 그날에 머물러 있고, 그 약속은 지금 이 순간에도 여전히 유효하다.

사랑하는 조카들아!

이모는 늘 마음속으로 빌고 또 빌었단다.

'멀리 있어도 그저 건강하게, 튼튼하게만 자라다오.' 라고.

그런데 이모의 기도가 조금 과하게 정성스러웠던 모양이구나.

이제는 푸바오도 긴장할 만큼 듬직한 '왕만두'들이 되었으니 말이야.

그래도 이모는 너희가 여전히 자랑스럽단다.

비록 몸은 멀리 떨어져 있어도 마음은 언제나 너희 곁에 있고, 너희가 활짝 웃을 때 이모의 세상도 함께 웃는다는 걸 잊지 말렴.

동그랗게 남은
마음

복은 어떤 모양일까?

나는 복이 늘 동그랗다고 생각했다. 손에 쥐면 말랑말랑하고, 안아 보면 포근할 것 같은 모양. 특별한 근거 없이도, 내 마음속의 복은 언제나 둥글고 따뜻했다.

우리 집의 '복덩이'라 불리는 작은딸을 마주할 때, 그 생각은 확신이 되었다.

동그란 얼굴, 반짝이는 동그란 눈, 그리고 동글동글한 눈웃음까지.

그 아이를 보고 있으면, 복이란 참 이렇게 둥글고 따뜻한 것이구나 싶다.

우리는 그저 둥근 모양 하나만으로도 작은딸을 복덩이라고 불렀다.

어릴 적 작은딸의 먹성은 언니보다 훨씬 좋았다.

언니가 반찬을 가려 먹을 때도 작은딸은 늘 맛있게, 골고루 잘 먹었다.

밥을 배불리 먹고도 설거지하는 내 허벅지에 찰싹 붙어 서서, 짤막한 키로 나를 올려다보며 묻곤 했다.

"엄마, 오늘 디저트 과일은 뭐예요?"

그 모습이 귀여워 나는 고무장갑을 낀 손으로 아이의 머리를 쓰다듬으며 참 많이 웃었다.

또래 친구들과 어울리기를 좋아했던 큰딸과 달리, 작은딸은 껌딱지처럼 늘 내 곁을 지켰다.

내가 슈퍼에 갈 때면 늘 곰돌이를 인형 유모차에 태우고 쫄랑쫄랑 따라나섰다.

동네 아주머니, 빵집 언니, 슈퍼마켓 사장님까지, 누구를 만나든 작은딸을 보면 모두 웃어 주었다. 특히 슈퍼마켓 사장님은 "오늘도 곰돌이 태우고 장 보러 나왔어?"라며 말을 걸곤 하셨다. 작은딸은 수줍게 고개를 끄덕였고, 그 조용한 웃음이 동네 사람들의 마음을 간질이며 웃음을 자아냈나 보다.

집에서는 때론 호랑이도 잡을 만큼 용감하거나 떼를 쓰는 아이였는데 말이다.

작은딸이 중학교에 입학하던 해였다. 내 남동생이 다니는 직장에서 학생용 '알라딘 폰'을 새로 출시했고, 직원들에게 판매 배당이 나왔나

     유쾌한 착각 여왕

보다.

그 덕분에 작은딸은 처음으로 핸드폰을 갖게 되었다. 큰딸이 고등학교에 입학해서야 폰을 가졌으니, 작은딸에게는 예상보다 훨씬 이른 선물이었던 셈이다.

택배가 오던 날, 초인종이 울리자 작은딸은 몸이 튕겨 나가듯 현관으로 달려갔다.

박스를 와락 받아 들더니, 상기된 얼굴로 숨넘어갈 듯 외쳤다.

"엄마! 나 진짜 복덩이 맞나 봐요! 이렇게 빨리 휴대폰을 사주시다니, 이게 꿈이에요 생시에요!"

나는 그 순수한 기쁨에 결국 웃음을 터뜨리고 말았다.

박스를 열기도 전부터 손끝이 벅찬 설렘에 부들부들 떨리던 작은딸은 포장을 뜯어 휴대폰을 꺼내자, 그 작은 기계에 대고 조용히 인사했다.

"안녕, 내 첫 친구야."

퇴근해 돌아온 남편에게 그 이야기를 전하며 우리는 또 한 번 크게 웃었다.

스스로를 복덩이라 굳게 믿으며, 작은딸은 그렇게 평온하게 무럭무럭 자랐다.

그러나 영원히 둥글기만 할 줄 알았던 작은딸에게도 피할 수 없는 사춘기가 찾아왔다.

동글동글 말랑했던 복덩이는 순식간에 뾰족해졌다. 하는 말을 한 번에 못 알아들어 되묻기라도 하면 "됐어요!" 라는 퉁명스런 대꾸가 날아오기 일쑤였다.

그 한마디가 어찌나 무섭던지, 작은 딸이 입을 열 때마다 나는 온 신경을 곤두세우고 듣기 시험이라도 치르는 기분이 되었다. 결국 말 대신 침묵과 한숨으로 대화를 대신하던 날들도 있었다.

하지만 참 묘한 일이다. 같은 엄마 밑에서, 같은 밥 먹고 자란 자매인데도 회오리 같고 시한폭탄 같았던 큰딸의 사춘기와 달리, 작은딸의 사춘기는 잔잔한 물 밑에 깔린 지뢰 같았다.

운 나쁘게 밟으면 '펑' 하고 터졌지만, 조심조심 피해 다니면 그럭저럭 평화도 가능했다. 다정한 무관심만 지키면 됐다. 그렇게 작은딸의 지뢰 같은 시간도 결국 지나갔다. 아이는 다시, 따뜻하고 동그란 제모습으로 돌아와 주었다.

큰딸이 취직한 지 일 년쯤 되었을 무렵, 매일 같이 출퇴근하느라 고되다며 직장 근처로 독립하겠다고 말했다.

언젠가는 떠나보낼 날이 올 것을 머리로는 수없이 그려보았지만, 막상 현실과 마주하자 상상보다 훨씬 깊은 공허함이 밀려왔다.

 유쾌한 착각 여왕

집 안 분위기는 마치 전기라도 끊긴 듯, 순식간에 어둠 속으로 가라앉았다. 남편과 나는 그 적막 속에서 아무 의욕 없이 축 처져 있었다.

그때, 작은딸이 조심스럽게 다가왔다.

"엄마 아빠. 나는 나중에 취직해도 출퇴근 버스만 있다면 아무리 멀어도 집을 안 떠날 거예요." 귀여운 그 한마디에 짓눌려있던 공기가 풀렸고, 남편과 나는 피식, 작은 웃음을 나누었다.

인생이 정말 그 입버릇대로만 흘러갔다면 좋았겠지만, 지금 그 작은딸은 출근 버스가 아니라 멀리 호주행 비행기를 타고 가 버렸다.

하지만 멀리 떨어져 있어도 그 아이는 여전히 우리의 복덩이다.

가끔 전화 너머로 들려오는 웃음소리에 그 동글동글한 얼굴이 눈앞에 떠오르고, 자잘한 이야기에도 "엄마, 잘했어요!" 하고 맞장구쳐주는 말투에 어느새 빙긋이 웃음이 난다.

복이란 꼭 손에 쥐고 있어야만 존재하는 것이 아니었다.

놓아준 뒤에도, 눈에 보이지 않아도 마음속에 따뜻하고 동그랗게 남아 온기를 전해준다. 그래서 내게 복은, 언제나 동글동글 웃는 그 아이의 얼굴을 닮아있다.

언니 같은
내 동생

　사실 게으른 성격과 운동신경이 없는 건 별개의 문제일 텐데, 내게는 이상하게도 그 둘이 꼭 짝꿍처럼 붙어 다녔다.

　게다가 저혈압으로 아침마다 비실거리던 나는, 한창 혈기 왕성할 청소년기에도 아침잠을 이기지 못해 엄마에게 혼이 나기 일쑤였다.
　겨우 일어나서도 느릿느릿 꾸물댄다며 한 소리를 더 들었다.
　우리 집의 아침을 깨우던 스테레오 사운드는 대부분 나를 향한 엄마의 날 선 잔소리였다.

　그런 나를 통쾌하게 박살 내고 단숨에 엄마의 신뢰를 차지한 존재가 있었으니 바로 내 여동생이다. 나와는 달리, 늘 부지런하고 씩씩한 기상의 소유자였다.
　나는 첫째, 여동생은 나보다 세 살 어린 둘째였다.
　막내 남동생이 태어나면서 동생은 자연스레 '사이에 낀 둘째'가 되었고, 그때부터 동생의 서러운 역사가 시작됐다.

엄마는 어린 막내를 돌보느라 정신이 없어 동생의 유치원 원서 접수 시기를 놓치고 말았다.

덕분에 우리 집에는 전설의 '유치원 누락생'이 탄생했다. 엄마는 그 일을 두고두고 미안해하셨지만, 이미 엎질러진 물이었다.

나의 어린 시절 사진첩에는 리본을 달고 치마를 입은 모습이 가득하지만, 동생은 늘 관리가 쉬운 바가지머리에 바지 차림이었다.

엄마가 남동생을 바라던 마음도 한몫했는지, 심지어 남자아이용 고무신을 신은 사진도 남아 있다.

그래서였을까. 중학교에 들어간 이후로 동생은 다시는 머리를 짧게 자르지 않았다.

줄곧 긴 머리만 고수하는 동생을 보며 나는 어쩌면 동생이 어린 시절의 아쉬움을 스스로 덮고 싶었던 건 아닐까, 짐작하곤 했다.

동생은 귀여운 얼굴에 쏙 들어가는 보조개가 매력 포인트였는데, 무엇보다 먹는 걸 참 좋아했다. 편식하던 나와 달리 동생은 뭐든 잘 먹었고, 손에는 늘 과자 봉지가 들려 있었다. 푸바오를 닮은 조카들의 먹성은, 동생과 제부의 합작품이라 해도 과언이 아니다.

그렇게 잘 먹고 자란 덕에 동생은 나보다 키도 크고 힘도 세졌다.

집 안 가구 옮기기가 취미였던 엄마는 무거운 문갑을 옮길 때면 늘 언니인 나를 먼저 불렀다.

하지만 쩔쩔매는 내 부실한 몰골을 보곤 이내 한숨을 내쉬며 외치셨다.

"너 말고! 란이 오라고 그래!"

그 쩌렁쩌렁한 외침은 언제나 내 힘없는 팔뚝을 맥없이 때리고 지나갔다.

잠시 후 등장한 동생은 엄마와 함께 문갑을 번쩍 들어 단숨에 자리 바꾸기를 끝내버렸다. 그 순간 엄마의 얼굴에 번졌던 만족스러운 미소는 지금도 생생하다. 그 미소 앞에서는 백 점짜리 시험지를 들고 와도 왠지 밀릴 것만 같았다.

내가 초등학교 4학년이 되었을 때, 드디어 동생이 학교에 입학했다. 늘 집에만 있던 동생과 이제는 학교도 같이 간다는 생각에 나는 며칠 전부터 설레고 기뻤다.

대망의 첫 등교 날, 언니 노릇을 톡톡히 하고 싶은 마음에 나는 동생의 책가방을 대신 들어주겠다고 손을 뻗었다.

싫다는 동생에게 몇 번이나 더 들어주겠다며 자청했지만, 동생은 끝내 고개를 저었다.

"내 건 내가 들을래."

    유쾌한 착각 여왕

그땐 괜히 서운했다.

하지만 지금 생각해 보면, 생애 처음 메어보는 자기만의 책가방이 동생에게는 얼마나 소중한 성장의 증표였을지 충분히 이해가 간다.

동생은 재능도 많았다. 목소리가 예뻤던 동생은 학교에서 노래와 웅변으로 이름난 아이였고, KBS 〈누가 누가 잘하나〉, 〈모이자 노래하자〉 같은 방송에도 여러 번 출연했다. 그 덕에 나는 한동안 '노래 잘하는 란이 언니'로 불리며 덩달아 어깨가 으쓱해지곤 했다.

돌이켜보면 여동생이 있었기에 나의 유년 시절은 훨씬 더 다채롭고 풍요로웠다. 혼자였다면 받기 어려웠을 유행하는 마론 인형도 "둘이 같이 놀아라"는 부모님의 명분 덕분에 하나씩 얻어낼 수 있었다. 나는 인형 침대를, 동생은 인형 옷장을 차지하고 앉아 머리를 맞대고 놀았다.

지루하면 노래자랑을 열고, 그도 싫증이 나면 새로운 놀이를 만들어냈다. 둘이 함께일 때면 시간은 늘 훌쩍 지나갔다. 늘 붙어 지내다 보니, 그만한 친구도 없었다.

무언가를 도모할 때도, 엄마를 설득할 때도 둘이 힘을 합치면 성공 확률이 훨씬 높았다. 우리는 언제나 함께일 때 더 강했다.

둘째들은 대체로 마음 씀씀이가 넓고 자생력이 강하다. 첫째는 첫

째라 챙김을 받고, 막내는 막내라 보듬음을 받지만, 둘째는 위아래로 치이며 스스로 제 자리를 지키는 법을 터득하기 때문일 것이다.

내 동생도 그랬다. 묵묵히 자기 자리를 만들어가며 누구보다 단단한 사람으로 자랐다.

내가 그저 숨만 쉬듯 하루를 살아냈다면, 동생은 부지런히, 그리고 능동적으로 자기 삶의 문을 열어젖혔다.

우리 집 최초의 '드라이버'가 된 것도 동생이었고, 부모님의 걱정을 이겨내고 해외여행의 물꼬를 터준 것도 동생이었다.

하고 싶은 일에는 기꺼이 부딪쳤고, 먹고 싶은 것은 주저 없이 시도했으며, 원하는 것은 스스로 노력해 쟁취했다. 동생은 그렇게 자신을 가꾸고, 꾸미고, 성장해 나갔다.

결혼 전, 내 인생 곳곳엔 늘 동생이 있었다.

겁이 많아 망설이던 내게 늘 용기를 불어넣고, 엄마에게 혼이 나 기가 죽어 있을 때면 말없이 곁을 지켜주던 든든한 지원군이었다.

그런 동생이 나 몰래 혼자 우는 날도 있다는 사실을 알았을 때, 나는 형언할 수 없는 충격을 받았다. 나처럼 엄살을 피우지도, 투정을 부리지도 않던 동생에게도 그런 날이 있었구나.

그때 알았다. 강하다는 건 눈물이 없는 게 아니라는 것을. 돌이켜 보니 나는 동생이 강하다는 착각 속에서, 그 사람이 감당해 온 무게를 너무 늦게 알아보았다.

울어도 조용히 울고, 아파도 뒤늦게 털어놓는 것. 진짜 강한 사람은 소리 없이 자신의 아픔을 견뎌내며 타인을 위해 자기 자리까지 내어 줄 줄 아는 사람이라는 것을 말이다.

내가 첫아이를 낳고 친정에서 산후조리를 할 때, 엄마 곁에서 지극 정성으로 나를 도운 사람도 동생이었다.

산후조리를 마치고 우리 집으로 돌아와서는 밤잠을 설치며 쩔쩔매는 언니가 안쓰러워 주말마다 우리 집으로 달려와 조카를 품에 안고 자주던 사람.

어느 날은 나더러 푹 쉬라며, 아직 대학생이던 동생이 아기 띠에 조카를 둘러메고 친구와의 약속 장소로 향하기도 했다.

어쩌면 친구들에게 귀여운 조카를 보여 주고픈 마음도 조금은 섞여 있었겠지만 말이다.

그날 동생은 버스에서 학생 회수권을 내밀었다가, 아이를 안은 모습에 어리둥절해하는 기사님께 당당하게 외쳤다고 한다.

"저, 엄마 아니고 이모예요!"

철부지 언니를 묵묵히 챙겨주던 동생이 결혼하던 날, 나는 터져 나오는 울음을 삼키며 조용히 뺨을 타고 흐르는 눈물을 닦아내야만 했다. 이제 친정에 가도 "언니 왔어?" 하며 버선발로 반겨줄 사람이 없다는 사실이 서러움이 되어 파도처럼 밀려왔다.

나보다 의젓하고 마음 넓은 동생이 곁에 있었기에, 나는 좀처럼 철들 틈이 없었다. 아니, 철들지 않아도 괜찮았다. '언니 같은 동생' 덕분에 나는 외롭지 않았고, 더 많이 웃으며 살아올 수 있었다.

세월이 흘러 흰머리가 늘고, 거울 속 주름진 얼굴이 낯설어질 때에도 우리는 지금처럼 카페에 마주 앉아 커피 향을 나누고 싶다.

돋보기를 고쳐 쓰고 어린 시절의 앨범을 넘기며, 고무신 신고 울던 그때 그 아이들을 불러내 함께 웃고 싶다.

나이가 들어도, 여전히 나보다 부지런한 사람은 내 동생일 것이다.

그런 동생을 곁에 두었다는 사실은 내게 큰 행운이지만, 한편으로는 늘 동생의 속도에 빚을 지고 있는 것 같아 미안한 마음도 앞선다.

동생이 있어 내 인생이 훨씬 더 따뜻하다.

영원한
깍두기

　마트에서 반짝이는 미니카를 볼 때면, 지금도 내 눈엔 어김없이 꼬마 막내가 떠올려진다. 미니카를 끔찍이 좋아했던, 우리 집 막내 동생이다.

　딸 둘이었던 우리 집에 늦둥이 아들로 태어난 막내는, 어릴 적 유독 자동차를 좋아했다. 그중에서도 미니카는 잠시도 손에서 놓지 않는 단짝이었다. 늘 자매의 인형 옷만 사주던 엄마 아빠는 처음 접하는 남자아이 장난감 세계에 푹 빠져버렸다.
　미니카를 하나둘 사 모으는 일이 어느새 새로운 취미가 되었고, 솔직히 막내에게 쏟아지는 관심과 후함에 살짝 시샘이 스치기도 했다.

　하지만 막상 그 모습을 보면 또 어찌나 귀엽던지. 나이 터울이 컸던 그 아이는 우리 모두에게 참 특별한 존재였다.
　나 역시 새 모델의 미니카가 나올 때마다 용돈을 털어 동생 것부터 챙겼으니 말이다.

막내는 거실 바닥에 미니카를 몽땅 일렬로 세워놓고, 납작 엎드
린 자세로 미니카의 작은 문짝을 열어보며 혼자서도 몇 시간씩 잘
놀았다.

내가 근처를 지나치기라도 하면 동생은 곧바로 큰 소리로 외쳤다.

"누나, 이거 봐! 이 차는 문이 양쪽으로 열려. 이건 진짜 좋은 거야!"

그때 눈을 반짝이며 설명하던 동생의 표정은 지금 떠올려도 여전히
선명하다.

학교가 끝나고 동네 친구들과 숨바꼭질을 하러 나갈 때면, 엄마는
세 살배기 막내를 늘 내 꽁무니에 붙여주셨다.

키가 내 반토막만 한 동생을 데리고 뛰다 보면 술래에게 금세 잡히
곤 했지만, 나는 늘 동생의 작은 손을 꼭 잡고 함께 달렸다.

착한 친구들이 동생 덕분에 나를 깍두기로 끼워줬기 때문이다.

해 질 녘까지 뛰어놀다 집에 돌아오면, 막내의 신발을 벗겨주며 차
례로 코를 대고 "아이고, 냄새야!" 하고 웃어대는 시간이 기다리고 있
었다.

땀에 절은 남자아이 특유의 냄새마저도, 누나 손잡고 열심히 뛰느
라 생긴 흔적처럼 귀엽게만 느껴졌다. 그 소란스러운 웃음 속에서 막
내는 단연 우리 집의 가장 사랑스러운 깍두기였다.

우리 집 마당에는 양쪽으로 마주 앉아 시소처럼 흔들 수 있는 철제 그네가 있었다. 친구들은 그 그네를 타기 위해 우리 집에 자주 모여들었고, 마당이 북적일수록 막내는 더욱 신이 났다.

누나들 틈에 꼭 붙어 덩달아 웃고 떠들며, 막내는 그렇게 사랑 속에서 자라났다.

부모님은 그런 우리 삼 남매에게 무엇이든 해 주시려 애쓰셨다. 덕분에 우리는 모자람 없는, 감사한 유년 시절을 보낼 수 있었다.

세월이 흘러, 막내가 유치원에 입학할 무렵 나는 사춘기의 문을 두드리는 중학생이 되어 있었다.

그때부터 나는 조금씩 막내와 거리를 두기 시작했다. 늘 옆에 붙어 있던 동생이 어느 순간 귀찮게 느껴졌고, 졸졸 따라오는 작은 발자국 소리조차 성가셨다. 동생이 섭섭한 눈빛을 보내와도, 그땐 돌아볼 여유가 없었다.

지금 생각하면 미안함이 오래 남는다.

어느 날 엄마가 유치원에서 있었던 일을 들려주셨다. 막내가 여자 짝꿍에게 "너는 뚱뚱하다"는 말을 했다는 것이다.

늘 귀엽기만 했던 우리 집 깍두기가 누군가에게 상처를 줄 수 있다는 사실이 낯설었다.

그제야 알았다. 아이가 우리의 품을 벗어나 세상으로 나가며 조금씩 자라고 있다는 것을. 나는 그 아이가 자라는 줄 알면서도, 마음속에서는 늘 같은 자리에 두고 있었던 것이다.

그날 크게 혼이 난 뒤, 막내 입에서 외모에 대한 평가는 다시 나오지 않았다. 대신 TV 만화 주인공 흉내를 내거나 엉뚱한 포즈로 우리를 웃게 했다.

그 나이 또래다운 방식으로 말이다.

그렇게 귀엽기만 했던 막내가 이제는 한 가정의 가장이자, 내 손녀에게는 '외삼촌 할아버지'가 되었다.

미안하다. 너무 일찍 할아버지를 만들어줘서.

이제는 연로하신 부모님의 병원 일정을 챙기고, 집안 대소사를 도맡으며 가족의 든든한 울타리이자 보호자 역할을 해내는 고마운 사람. 우리 집의 대표 선수다.

그런 든든한 모습을 볼 때면, 문득 숨바꼭질하던 깍두기 시절의 밤톨 같은 얼굴이 떠오른다. 누나들의 보살핌을 받으며 자라던 막내가 이제는 가족을 책임지고 부모님을 챙기는 보호자가 되었다.

시간은 그렇게 우리의 자리를 뒤바꾸어 놓았다.

이제 든든하게 앞장서는 그 모습이 고맙기만 한데, 그 어깨 위에 슬며시 내려앉은 세월의 무게가 보일 때면 괜히 마음이 짠해진다.

'너는 우리에게 영원한 막내일 텐데, 어쩌자고 나이를 먹는 거니.'

내가 늙는 것보다 동생이 나이 들어가는 모습이 훨씬 낯설고 아쉽다.

그래서인지 요즘 들어, 숨바꼭질하던 깍두기 시절이 내 마음 깊은 곳에서 문득문득 떠오른다. 그 시절의 사랑스러운 깍두기는 이제 우리 가족을 든든히 받쳐주는 하나의 기둥이 되었다.

흘러가는 세월 속에 자리는 바뀌었고 역할도 달라졌지만,
가족 안에서 너의 이름은 여전히 하나다.
영원한 깍두기.

울 밑에 선
봉선화야

지난해 2월, 아버지가 하늘나라로 여행을 떠나셨다.

'여행'이라고 부르면 조금은 덜 아플 줄 알았는데…….

하지만 그날 이후, 스치는 바람 한 줄기, 우연히 들려오는 노래 한 소절, 심지어 묵직한 책 냄새마저도 온통 아버지를 떠올리게 했다.

아버지의 고향은 평안북도 정주였다. 6·25 전쟁 중 형님, 남동생과 함께 남쪽으로 피난 오셨으나, 끝내 북에 남겨둔 가족들과는 영영 작별하게 되었다. 부모 없는 타향살이는 청년에게 가혹했으나, 아버지는 좌절 대신 스스로 길을 개척하는 삶을 택하셨다. 일본어를 익히고 번역을 하며, 직장에서 정년까지 성실히 일궈낸 세월은 당신의 긍지였다.

우리 삼 남매에게 아버지는 늘 든든한 하늘이었다.

무엇이든 가능하게 해줄 것만 같은, 한없이 높고 푸른 하늘.

이북에 두고 온 가족의 빈자리를, 아버지는 우리를 향한 사랑으로 메우셨다. 사람이 그리웠던 탓일까. 아버지는 유독 사람을 불러 모으는 걸 좋아하셨고, 그 덕에 집 안은 늘 사람 소리로 가득했다.

아버지는 늘씬한 체형은 아니었지만, 유독 양복이 잘 어울리는 분이었다. 어디서든 인자하게 웃고 있는 양복 차림의 아버지를 발견하면, 나는 냅다 달려가 품에 안기곤 했다.

지금도 가끔, 양복 차림 아버지와 교복을 입은 내가 나란히 집을 나서던 아침이 떠오른다. 꼿꼿한 허리와 힘찬 발걸음, 내게 세상을 다 안겨줄 것만 같던 웃음. 모두가 젊은 날의 아버지 모습이다.

사실 아버지는 못 하나 제대로 박지 못할 만큼 손재주가 없으셨다.

하지만 내게 아버지는 존재만으로도 충분한 거인이었기에, 나는 남자의 손재주가 살아가는 데 얼마나 중요한 기준이 될 수 있는지 알지 못했다. 그래서 간과했다. 아버지의 그 서툰 손재주가 훗날, 남편을 선택하는 나의 기준에 어떤 '함정'이 될지를.

하지만 책상 앞에 앉아 번역 원고를 들여다보시던 아버지의 뒷모습만큼은 누구보다 멋졌다. 밤늦게까지 빨간 펜으로 밑줄을 긋고 메모를 더하던 진지한 모습은 어린 내 눈에 오래 남아 있다.

아버지는 책을 사랑했고, 글씨를 참 잘 쓰셨다. 종이 위를 흐르던 힘 있고 단정한 필체에는 아버지 특유의 묵직함과 멋이 담겨 있었다.

자식들의 생일이나 손주들의 입학과 졸업, 혹은 누군가의 입사와

승진 같은 날이면 어김없이 책 한 권을 골라 그 안에 축하의 글을 적어 선물해 주셨다.

하지만 몇 해 전부터 아버지의 손가락 마디가 휘고 힘이 빠지기 시작했다. 펜을 쥐는 것조차 버거워하시면서, 거침없던 그 필체도 더는 볼 수 없게 되었다. 대신 손가락 끝으로 톡톡 치는 휴대전화 너머로 짧은 문자만이 오갔고, 그마저도 몇 달 전부터는 힘겨운 일이 되어버렸다. 그때는 당연하게만 여겼던 평범한 축하와 안부의 흔적들이, 이제는 낡은 사진첩 속 풍경이 되어 자꾸만 눈가를 적신다.

아버지의 정년 퇴임 후, 그리운 고향 땅을 조금이라도 가까이 보여 드리고 싶었다. 동생과 함께 적금을 부어 금강산 여행비를 선물해 드렸다. 고향의 흙냄새라도 마음껏 품어보시길 바랐던 우리의 작은 효심이었다.

그런데 아버지는 그 비용마저 주식에 보태셨다. 그 무렵 아버지는 주식에 몰두하며 조금씩 달라지셨다. 손때 묻은 책 대신 주식 그래프를, 정겨운 대화 대신 매일의 수익률을 들여다보는 모습은 낯설었다.

주식은 내 기억 속 완벽했던 아버지의 모습에 작은 균열을 냈다. 그 틈 사이로 나는 비로소, 노년의 불안 앞에 흔들리는 한 인간을 보게 되었다. 하지만 내가 보고 싶었던 아버지는 늘 강하고 빛나는 모습이었다. 아낌없이 해주기만 하던 아버지가 세월 앞에 작아져 자식에게

도움을 청했을 때, 그 도움이 몇 차례 반복되자 나는 결국 나 하나 살아내기 바쁘다는 핑계로 외면하는 쪽을 택했다.

그 비겁함이 지금도 마음을 저리게 한다.

자식에게 서운함을 느끼는 아버지와, 변해가는 아버지를 받아들이지 못하는 나의 마음은 수시로 부딪혔고, 어느덧 우리 사이에는 서늘한 틈이 생겨나고 있었다.

어쩌면 주식은 아버지가 세상을 향해 내민 위태로운 구원 요청이었을지도 모른다. 그것이 아니었다면 나는 영영, 아버지라는 거대한 산 뒤에 숨겨진 외로움을 보지 못했을 테니까.

그때는 몰랐다.

아버지의 고집과 품격이 같은 자리에서 자라왔다는 것을.

사랑했지만, 아팠던 나의 아버지. 아버지를 보내드리고 고작 2주가 지나자, 요동치던 마음도 먹먹한 슬픔도 '일상'이라는 지독한 생명력을 발휘하며 다시 흘러가기 시작했다.

하지만 문득 고개를 들어 하늘을 볼 때면, 이제 어디서도 아버지를 찾을 길 없다는 사실이 그제야 아프게 다가왔다.

그러던 어느 날, 독서지도 수업 중 장기려 박사의 〈울 밑에 선 봉선화야〉를 읽게 되었다. 전쟁 중 헤어진 가족을 평생 그리워하며 천막 병원에서 가난한 이들을 돌봤던 그의 삶. 그 문장들 사이에서 나는 불현듯 아버지를 떠올렸다.

북에 남겨둔 가족을 그리워하며 살아오셨을 아버지.

아버지가 집착하듯 들여다보던 수첩 속 숫자들 사이에는, 북에 계신 부모님과 형제들의 이름이 정갈히 적혀 있었다.

그제야 아버지가 견뎌온 그리움의 무게가 가슴을 짓눌렀다.

삶의 끝자락에서 아버지는 무엇을 생각하셨을까?

아버지가 지키고 싶었던 것은 숫자가 아니라, 그 숫자를 통해서라도 붙잡고 싶었던 가족의 안녕이었을지도 모른다.

너무 늦게 알았다.

부모 또한 완벽한 존재가 아니라, 노년이라는 낯선 계절 앞에서는 길을 잃고 비틀거릴 수 있는 한 사람일 뿐이었다는 것을.

그 시간을 다그치기보다, 묵묵히 함께 걸어드리는 것이 자식으로서 드릴 수 있는 가장 큰 사랑임을 나는 이제야 아프게 배운다.

'울 밑에 선 봉선화야……'

술기운에 기대어 부르시던 그 노래처럼, 가슴 한구석에 지우지 못할 아픔을 품고 사셨던 나의 아버지. 이제는 모든 짐 내려놓으시고, 그토록 그리워하던 가족들과 만나 편안히 쉬시길 빌어본다.

끝내 닿지 못한 이 말을, 이제야 빈 하늘에 남긴다.

"나의 영웅, 미안합니다. 그리고 사랑합니다."

내 삶의
합창단

실력이 뛰어나지 않아도 괜찮다.

음정을 틀리고 박자를 놓칠 때도 있지만, 그럼에도 그들은 내 인생에서 가장 소중한 단원들이다. 바로 나의 가족이다.

우리는 삶이라는 무대에서 함께 노래를 이어간다. 완벽하게 화음을 맞추는 날도 있지만, 때로는 엉망이 되기도 한다.

그래도 멈추지 않는다. 느슨한 날도, 긴장된 날도, 즐거운 날도, 슬픔이 가득한 날도.

우리는 매일 노래하며 산다.

시간이 흐르면서 합창단의 구성은 자연스럽게 변해갔다. 남동생의 어린 조카들이 귀여운 소프라노로 합류하자 합창단의 분위기도 달라졌다. 음이 갑자기 높아지며 선율은 한층 밝아졌고, 리듬은 부드러워졌다. 우리의 마음도 따라 올랐다.

이제는 어느새 그 자리를 손녀가 채웠다. 처음엔 낯설어 가냘픈 목소리로 시작했지만, 그 환한 웃음이 언젠가는 이 합창단의 주제가가 될지도 모르겠다. 그 곁으로, 아직은 노래가 낯선 손자도 작은 숨소리 하나를 얹으며 수줍게 제 자리를 찾아 앉았다.

이들의 뒤에서 중심을 잡아주는 무대의 메조들은 여동생 부부와 남동생 부부, 그리고 어느덧 성인이 되어 유쾌함을 담당하는 푸바오 조카들이다. 연습 중 모두를 웃게 만들고, 가끔 박자를 틀리기도 하지만 그 유쾌한 에너지가 합창단에 생기를 더한다.

이쯤에서 나는 생각한다. 이 합창단은 참, 시끄럽고도 든든하다고.
사위들이 들어오며 든든한 알토가 채워졌다. 처음엔 악보를 뒤적이던 그들도 이제는 안정된 음성으로 곡의 중심을 단단히 잡아준다.
딸들은 밝고 경쾌한 소프라노로 합창의 맑은 색을 더한다.

그리고 나와 남편.
서로의 목소리를 받쳐주고 리듬을 맞추려고 오늘도 노력한다.
언제나 중심을 잡아주던 엄마, 김 여사님은 부드러운 소프라노와 따뜻한 알토 사이를 오가며 전체의 균형을 이끌었다. 그 목소리는 우리에게 안정감을 주었고, 가족이라는 무대를 더욱 풍성하게 만들었다.

     유쾌한 착각 여왕

그립고 소중한 아버지는 합창단의 가장 믿음직한 베이스였다. 늘 곡의 첫 박을 또렷하게 짚어주던 분. 지난해, 아버지는 무대를 떠나셨다. 마지막 박자를 마친 뒤, 천천히 무대 뒤편으로 걸어 나가시듯 그렇게.

남은 우리는 그 빈자리를 바라보며 아버지가 남긴 멜로디를 가슴속에서 이어 부른다. 이제 아버지는 하늘의 청중이 되어 우리의 공연을 응원하고 계실 것이다.

합창단의 구성원은 앞으로도 계속 변할 것이다. 기쁨과 슬픔이 섞인 변화 속에서 우리는 한 걸음씩 앞으로 나아가며 함께 성장한다. 시간과 함께 우리의 합창은 점점 더 깊고 넓은 울림을 품게 된다.

완벽하지 않아도 괜찮다. 서툴고 삐걱대도 사랑하는 이들과 부르는 이 노래는 그 자체로 충분히 아름답다. 오늘도 우리는 조화롭고 소란스럽게, 성실하고 따뜻하게 인생이라는 합창곡을 이어간다.

나는 안다.
아무리 감동적인 무대라도 우리에게 앙코르는 없다는 것을.
그러니 오늘의 화음, 지금 여기 있는 이 목소리가 더없이 소중하다.
과거의 나는 완벽이 행복이라 착각했고, 그 속에서 화음의 기쁨을 놓쳤다. 하지만 이제는 안다. 완벽보다 더 아름다운 건 '함께'라는 것을.

지금 나는 새로운 무대를 준비하고 있다.
이번에는 합창이 아닌, 나만의 솔로 무대다.
처음이라 떨리지만, 막이 오르면 다시 내 노래를 시작할 것이다.

물론 혼자는 아니다. 여전히 내 곁엔 든든한 합창단원들이 있다.
가족은 늘 곁에 있으면서도 어느 순간 우리를 가장 깊게 울리고, 가장 부드럽게 다독인다.

오늘, 당신의 목소리도 그 합창 안에 있다.
그리고 그 노래는 앞으로도 계속 이어질 것이다.
우리는 모두 인생이라는 합창단의 단원이다.
어떤 날은 주인공의 선율로, 어떤 날은 따뜻한 화음으로 서로의 삶을 받쳐준다. 그 노래에서 빠져도 되는 사람은 없다.

이 글을 읽는 당신도 지금, 누군가의 삶에 중요한 합창단원임을 오늘만큼은 잊지 않기를.

4장

나는 이제 유쾌한 할머니를 꿈꾼다

" 작은 착각들이 나를 다시 태어나게 했다

나는 그렇게 착각 여왕이 된다 "

장래 희망이 현모양처였던
그 소녀는

초등학교 6학년 겨울, 졸업을 두 달 앞둔 어느 날이었다. 칠판 위에는 흰 분필로 '장래 희망 발표'라는 글자가 큼지막하게 쓰여 있었다. 지금은 추억이 된 난로 위 주전자가 보글보글 물을 끓이고, 창밖으로는 가느다란 눈발이 흩날리고 있었다. 교실 안 공기는 왠지 모를 긴장감으로 가득했다.

발표가 시작되자 저마다의 꿈을 쏟아냈다. "저는 경찰이 되고 싶습니다." "버스 차장입니다." "선생님이요!" "대통령이요!" 당시 우리 눈높이에서 떠올릴 수 있는 직업들이 줄줄이 이어졌다. 요즘처럼 가수나 배우를 말하는 아이는 한 명도 없었다. 속으로는 꿈꿨을지 몰라도, 부끄러워 쉽게 입 밖으로 꺼내지 못했던 시절이었을 수도 있다.

그리고 마침내 내 차례가 되었다. 자리에서 일어나 입을 열었다.

"저는 현모양처가 되고 싶습니다."

순간, 교실은 정적이 흘렀다. 뒤쪽에서 킥킥 웃음소리가 새어 나왔고, 앞자리 친구는 고개를 갸웃거렸다. 담임 선생님은 애매한 미소를 지으셨다. 반장이라는 열세 살의 아이가 장래 희망으로 낯설기만 한 '현모양처'를 외치니, 모두가 어리둥절했던 모양이다.

열세 살 아이에겐 다소 엉뚱한 꿈이었을까? 왜 그런 반응이었는지 지금도 잘 모르겠다. 다만 그 순간, 나의 꿈이 잘못된 것처럼 느껴져 얼굴이 화끈거렸다.

그 무렵 사촌오빠가 들려준 남자애들의 장래 희망은 거의 죄다 '산부인과 의사'였다. 사춘기 남학생들다운 장난기와 엉뚱함이 묻어나는 대답에 나도 오빠도 한참 웃었던 기억이 난다.

돌이켜보면 우리는 그 나이에 하고 싶은 일을 진지하게 고민하기보다는, 그저 호기심을 좇거나 하기 싫은 일을 피해 가려는 마음이 더 컸던 것 같다. 그 시절 여성의 사회 진출은 지금보다 훨씬 소극적이었다. 내성적인 나는 밖에서 일하기보다, 집안을 돌보며 그저 잔잔히 살고 싶었을 뿐이다.

그때 우리 집에서 '이상적인 여성상'은 집안을 잘 돌보는 엄마였다. 엄마는 늘 깔끔하게 집안 정리를 하셨고, 매일 정성껏 밥상을 차리셨다. 밥 짓는 냄새, 국 끓는 소리, 반짝이는 살림살이들. 그 모든 것이

내게는 안정과 사랑의 상징이었다. 그 모습을 보며 '나도 저렇게 살아야겠다'고 자연스레 마음먹었던 것 같다.

그저 던지듯 꾸었던 꿈이 제 몫을 해낸 것일까? 나는 대학을 졸업하던 해에 비교적 일찍 결혼했다. 아버지는 늘 정년 전에 자식 혼사를 치르고 싶어 하셨는데, 그 첫 주자가 바로 내가 되었다.

결혼 후의 삶은 내가 그리던 그림과 닮아있었다. 남편의 옷깃을 털어 주며 출근을 챙기고, 아이들이 태어난 후에는 간식을 챙겨 먹이고, 학부모 모임에 나가고, 시험지를 챙기는 일이 역할의 전부라고 믿었다.

엄마처럼 집안을 깔끔하게 정리했고, 요일을 맞춰 물을 주는 화초에서 새잎이 돋아날 때마다 감동했다. 남편의 월급날이면 세일하는 예쁜 접시 하나를 장만하며 그것을 행복이라 여겼다.

늘 아이들 곁을 지키며 묵묵히 제 역할을 해냈다.

열세 살에 무심히 적었던 장래 희망은 순진하게 그렸던 내 그림처럼, 어느새 현실 속에서 차근차근 이루어지고 있었다.

'이게 내 몫이다. 이게 나의 전부다.' 그렇게 또 하나의 착각을 품은 채, 오래도록 익숙한 안정 속을 걸어왔다.

　　　　　　　　　　　　　　　　　　유쾌한 착각 여왕

그러던 어느 날, 예상치 못한 변화가 찾아왔다. 9년 동안 돌보던 손녀가 떠난 것이다. 집안은 조용해졌고 하루에도 몇 번씩 부르던 이름이 사라지자, 마음 한구석이 텅 비었다.

어느 날, 거실 소파에 앉아 멍하니 창밖을 바라보다가 손녀의 스케치북을 발견했다. '사랑해' 라는 서툰 글씨와 아이의 그림이 빼곡한 페이지를 넘기다, 눈물이 왈칵 쏟아졌다.

그 순간 깨달았다. 나는 또 하나의 오래된 착각 속에 살고 있었다는 것. '나는 집 안에서만 의미 있는 사람이다' 라는, 오랫동안 나도 모르게 품고 있던 착각.

그 공허함의 자리에서 오래 묻어둔 '글쓰기'가 다시 떠올랐다.

손녀와의 추억, 이별의 슬픔, 그리고 내일에 대한 두려움과 희망을 조심스럽게 적기 시작했다. 글자를 쓰는 동안 나는 다시 살아났다. 글은 단순한 글자가 아니라, 내 마음을 울리는 숨결이었고, 세상과 이어지는 다리였다. 그렇게 나는 '글 쓰는 할머니'가 되었다. 손녀가 떠난 자리에 새로 피어난, 예기치 않은 꿈이었다.

아이들과 독서 수업을 하면서도 새로운 즐거움을 발견했다.

아이가 서툰 문장 속에 숨겨둔 진심을 찾아내고, 작은 성장을 함께 기뻐하는 일은 손녀와 함께하던 순간의 감동과 닮아있었다.

때로는 한국사 수업이 어렵다며 하품을 터뜨리는 아이들과 마주하지만, 그 하품에 맞서 설명을 이어가는 내 모습이 마치 작은 독립 투사라도 된 듯하다. 그런 내가 마음에 든다.

요즘 아이들은 참 당당하다. "유튜버요!" "댄서요!" "부자 백수요!" 처음에는 장난처럼 웃었지만, 곧 부러움이 스쳤다.

하고 싶은 걸 숨기지 않고, 세상이 뭐라 해도 기죽지 않고 말하는 용기. 그건 우리가 어릴 땐 누리지 못한 자유였다.

이제 나의 하루는 글을 쓰는 시간으로 가득하다. 누군가는 나를 '선생님'이라 부르고, 또 누군가는 '작가님'이라 부른다. 이름과 역할은 바뀌어도, 글 속에서 숨 쉬는 한 사람으로 살아가는 즐거움은 변함없다.

시간은 조용히 말해준다. 꿈은 한 번 정해 평생 붙드는 것이 아니라, 삶의 굽이마다 다시 쓰이고, 새로 태어난다는 것을.

그래서 꿈은 과거가 아니라, 늘 '지금'에서 다시 시작된다.

열세 살의 나는 '현모양처'를 꿈꿨고, 중년의 나는 '나는 여기까지'라는 착각을 품고 살았지만, 지금의 나는 '세상과 소통하는 글 쓰는 할머니'를 꿈꾼다.

그리고 어쩌면, 내 다음 꿈은 아직 세상에 태어나지 않은지도 모른다. 그래서 오늘도 조용히, 다음 꿈을 기다리며 오늘의 이야기를 쓴다.

   유쾌한 착각 여왕

우리는 종종 꿈을 잃었다고, 늦었다고, 더는 새롭게 시작할 수 없다고 믿곤 한다. 그러나 그 역시 나이를 먹을 때마다 더 깊어지는 착각일 뿐이다.

꿈은 나이를 가리지 않는다. 때로는 우연히, 때로는 상실의 빈자리에서, 아주 사소한 일상 속에서 불쑥 찾아오기도 한다.

꿈은 완성된 미래의 그림이 아니라, 오늘을 살아가게 하는 작은 불씨일 수 있다. 그 불씨를 꺼뜨리지 않고 오늘 글을 쓰거나, 내일 또 다른 이야기를 시작해도 좋다. 작은 시도, 글 한 줄, 그림 한 조각, 마음속 다짐 하나로도 충분하다.

그 작은 불씨가 언젠가 다음 꿈으로 이어질 수 있다.

아이처럼 서툴게라도
'다음엔 뭘 해볼까?' 하고 속삭여 보자.
그렇게 말할 수 있다면, 우리는 여전히 살아 있는 것이다.

꿈은 화려할 필요도, 거창할 필요도 없다.
마음을 두근거리게 하고 오늘을 버티게 해주는 것, 그것이면 충분하다.

그 작은 불씨가, 내게 그랬던 것처럼 당신의 다음 꿈이 되어줄지도 모른다.

두 얼굴의 계절을
지나고

결혼 후 20년, 내 삶은 잔잔한 호수 같았다.

남편과 두 딸을 키우며 소소한 걱정들은 있었지만, '엄마'이자 '아내'로서의 내 자리는 흔들림 없이 단단하다고 믿었다. 어린 시절 현모양처의 꿈처럼 가정을 꾸리고, 그 안에서 성실히 살아온 세월이었다.

하루하루의 근심이라 해봤자 끓일 때마다 맛이 달라지는 된장찌개, 시아버님이 며칠 묵으실 때의 어려움, 남들처럼 쑥쑥 자라지 않는 딸에 대한 속앓이, 술 마시고 늦게 귀가하는 남편을 기다리는 마음 정도였다.

그 평화로운 일상은 큰딸의 첫 수능을 기점으로 산산조각 났다.

시험 당일, 겨울 문턱의 찬 바람 속에서 나는 몹시도 떨렸다. 단 하루가 12년 시간을 결정짓는다는 사실이 버거웠지만, 시험장으로 향하는 딸의 뒷모습을 바라보며 두 손을 모아 기도했다. 시험이 끝난 뒤 돌아온 아이는 얼굴에서 표정이 모두 지워진 듯했다.

손에 쥐고 있던 십자가 목걸이는 너무 세게 움켜쥐는 바람에 끊어
졌다고 했다. 낯설 만큼 움츠러든 모습에 마음이 아릿하게 저렸다.

집에 와서야 시험지와 답안지를 두고 온 사실을 알았다. 닫힌 학교
문을 두드려 겨우 받아온 시험지를 채점해 보니 결과는 기대에 미치
지 못했다. 속상했지만, 무사히 마쳤다는 위로로 마음을 다독였다.

하지만 성적표를 받아 든 날, 그 다짐은 순식간에 무너졌다. 목표
에 미치지 못한 성적표가 식탁 위에 놓이자, 집안의 공기가 단숨에 얼
어붙었다. 그동안 세 여자 사이에서 무던히 균형을 맞춰주던 남편, 명
절이면 늘 "모두가 공평한 명절"을 외치던 그 따뜻한 사람이 한순간에
낯선 얼굴로 돌변했다.

성적표 앞에서 어찌할 줄 모르는 나를 향해 싸늘해진 그의 눈빛이
날 겨누며 이렇게 말하는 듯했다.
'그동안 집에서 뭐 했어. 아이 하나 제대로 못 챙긴 거야?'

말이 아닌 눈빛으로 찌르는 게 더 아팠다.

아이의 수능 점수는 순식간에 내 책임이 되었고, 나는 단숨에 교육
에 실패한 한심한 엄마가 되었다. 남편은 우리가 함께 달려온 2인 3각

의 끈을 단숨에 풀어버렸다. 끈이 풀리자마자 나는 그 자리에서 밀려났다. 그리고 나와 함께 뛰던 팀원은 사라지고 오직 결과만 따지는 냉혹한 감독만 남아 있었다.

그날의 충격은 엄마이자 아내로서 성실하게 살아온 내 삶을 송두리째 흔들어 놓았다. 그리고 나는 남편의 또 다른 얼굴을 보았다.

하지만 지금 돌아보면 그 역시 남편 나름의 불안이었을지 모른다. 우리는 서로를 지켜보느라 서로의 마음은 들여다보지 못했다.

그날 나는 깨달았다. 어떤 착각은 산산이 깨질 때 우리를 아프게 하고 동시에 새롭게 만든다는 것을.

나는 오랫동안 아주 단순한 믿음을 품고 살았다.

가정을 위해 애쓰면 위기가 와도 서로의 마음을 보듬을 수 있을 거라는 믿음. 엄마로서 최선을 다하면 아이가 자연스럽게 행복해질 거라는 믿음.

우리가 언제나 같은 방향을 바라보고 있다는 믿음.

하지만 현실은 그렇게 단순하지 않았다.

아무리 애를 쓰며 하루를 버텨도 결과가 좋지 않으면 남편의 시선 속에서 내 노력은 블랙홀처럼 사라져 버렸다. 그 허무와 두려움 속에서 우리의 미래는 없는 것처럼 보였다.

유쾌한 착각 여왕

눈 뜨기조차 싫은 아침이 이어졌다. 그러나 나는 끝내 무너지고 싶지 않았다. 이 위기 앞에서 나는 나를 다시 세울 다른 방법을 찾아야 했다. 그렇게 오래된 착각은 조용히 막을 내리고 있었고, 다른 얼굴의 '나'가 천천히 시작되고 있었다.

남편은 사회적 성공과 학벌에 예민했다. 나 역시 그 기준을 자연스럽게 따라갔다. 많은 부모가 그랬듯 '딸의 행복'을 핑계로 내 욕심을 덧칠하기도 했다.

그러나 결국 깨달았다. 딸의 미래는 내가 그려줄 수 있는 그림이 아니라는 것을……. 그 그림의 주인은 언제나 딸 자신이었다. 나는 마침내 그 붓을 아이의 손에 돌려주었다.

남편이 재수를 권했을 때, 딸은 단호히 말했다.

"다시 지옥 같은 그 날을 겪고 싶지 않아요."

그 한마디는 딸의 인생을 스스로 선택한 첫 선언이었다. 그리고 그 선택은 옳았다. 딸은 자기 계획대로 묵묵히 걸어갔고 대학 졸업 전 좋은 직장에 합격했다. 지금은 자기만의 속도로 행복을 만들어가고 있다.

행복은 수능 점수표에 있지 않았다. 남의 시선에도 없었다.

그때 남편에게 받은 상처는 결국 나를 바꿔 놓았다.

나는 더 이상 남편이 건네주는 행복만을 바라보는 온실 속 화초가 아니었다. 스스로 행복을 만들어내는 사람이 되었다.

이제 내 행복은 남편의 표정보다 햇살 좋은 날 공원 벤치에서 마시는 커피 한 모금에 가깝다. 그때 나는 속삭인다.

"괜찮다. 이게 삶이다."

한때는 자다가도 몇 번씩 이불킥을 할 만큼 상처였지만 시간이 지나며 나를 단단하게 다져주었다. 남편이 버럭할 때도 더는 겁먹지 않는다. 이제는 나도 목소리 '완전' 크니까. 결혼하지 않았다면 몰랐을 남편의 밴댕이 속내까지 알게 되었으니 속으로 웃을 여유도 있다.

'품 넓은 내가 살아주는 거지' 하는 너그러움으로.

부부의 상처와 갈등조차 결국은 나를 키우는 토양이 되었다. 자녀의 행복은 부모가 대신 만들어 줄 수 없다. 부모가 단단히 서 있을 때 아이들은 더 멀리 날 수 있다. 그리고 부모 또한 그 길 위에서 함께 자란다.

삶이 무너질 듯 흔들릴 때에도 다시 웃을 이유는 늘 곁에 있었다. 남편의 실수 같은 웃음, 아이의 사소한 농담, 가끔 찾아오는 포근한 햇살.

그리고 오늘, 남편과 아이의 웃음소리를 들으며 나는 또 하나의 웃을 이유를 찾는다.

엄마

수녀님

위기의 시간을 지나며 나는 비로소 깨달았다.

가족을 지킨다는 건 거창한 승리나 화려한 희생이 아니라, 조용히 버티고 묵묵히 마음을 내어주는 일이었다. 때로는 기도처럼, 때로는 수행처럼 그저 하루를 견디고 채워가는 것이었다.

그 깨달음은 자연스레 어린 날의 기억을 끌어올렸다. 나는 독실한 천주교 신자인 어머니 덕분에 모태신앙으로 자랐다. 주말이면 엄마 손에 이끌려 성당으로 갔다. 장미가 활짝 피어 있는 날엔 엄마가 말했다.

"성모님이 가장 사랑하는 꽃이란다."

그 목소리는 지금도 내 마음 한편을 환하게 밝힌다.

성당의 공기는 언제나 고요하고 단정했다.

오르간 소리가 웅장하게 울리고, 스테인드글라스 사이로 오색 빛이 성전에 내려앉고, 촛불은 흔들리며 내 마음까지 잔잔하게 흔들었다.

그 모든 것이 어린 나에게는 마치 다른 세계의 문처럼 느껴졌다.

수녀님들은 늘 환하게 웃으며 나를 불러주었다. 교리 공부에 열심이던 나는 유독 사랑을 많이 받았다. 성당 마당에서 마주칠 때마다 "우리 미카엘라, 커서 수녀님 되거라~" 하며 머리를 쓰다듬어주시던 그 손길이 아직 따뜻하다. 그럴 때면 나는 친구들 앞에서 괜스레 으쓱해져 '내가 좀 특별한가?' 하고 착각하곤 했다.

하지만 어린 마음에도 수녀님의 길은 멀고 어려워 보였다. 그들의 삶은 기도와 절제, 헌신의 연속. 나의 일상과는 거리가 먼, '하얀 희생'처럼 느껴졌다. 시간이 흘러 그 기억도 조금씩 희미해졌다. 나는 결혼했고 아이를 낳았고, 겉보기엔 평범한 가정의 일상을 살아냈다.

그러나 하루하루를 버티다 보니 깨달았다. 어쩌면 엄마로 살아가는 나의 삶도 수도자의 삶과 크게 다르지 않다는 것을.

수도자는 자신을 내려놓고 신을 따른다. 엄마는 자신을 비워내고 가족을 채운다. 수녀님이 하루를 기도로 채우듯 나는 밥을 짓고, 빨래를 널고, 아이의 울음을 달래며 하루를 채웠다.

아이들의 사춘기, 남편과의 엇갈림, 딸과 며느리의 역할까지. 그 모든 것을 견디고 버티는 동안 다른 이름의 나를 지키기 위해 정작 '나'는 점점 희미해졌다. 뜨거웠던 꿈은 식었고, 좋아했던 취미는 낯설어졌다. 거울 속에는 오직 '누구의 엄마' 혹은 '누구의 아내'만 남아 있었다.

  유쾌한 착각 여왕

누군가는 그것을 평범한 주부의 삶이라고 부르겠지만 그건 사실 '헌신'이라는 또 다른 이름이었다. 소리 없이 흘린 눈물도, 버티고 또 버틴 시간들도 돌이켜보니 모두 나만의 기도였다. 기도는 성당 안에서만 드리는 것이 아니었다.

세상의 모든 엄마가 하루 곳곳에서 마음으로 기도하며 살아간다는 것을 나는 뒤늦게야 알았다. 아이의 무사가, 사랑하는 이의 건강이, 오늘 하루가 아무 일 없이 지나가기를 바라는 마음.

두 손을 모으지 않아도 그 마음은 이미 기도였다.

그렇게 생각해 보면 어린 시절 멀게만 느꼈던 수녀님의 '하얀 희생'은 다른 모습으로 내 삶에서 계속 이어지고 있었다.

평범한 엄마의 삶에 숨어 있던 가장 깊고도 묵묵한 기도의 길. 나는 그 길을 매일 걷고 있었던 것이다.

이제 나는 안다. 평범해 보이는 오늘을 끝까지 살아내는 사람은 이미 충분히 빛난다는 것을.

누가 보지 않아도, 그 삶은 거룩하고 아름다운 헌신의 기록이라는 것을.

평범하다고 착각하며 지나온 그 길, 사실은 가장 고귀하고 깊은 길이었다. 그 길 위에서 나는 여전히 걷고 있고, 그 사실이 나를 다시 일으켜 세운다.

돌부리에 걸려
깨어난 착각

엄마 수녀님처럼 참고, 양보하고, 모든 일을 조용히 받아들이며 살던 내 삶은 크게 흔들릴 일 없이 흘러갔다. 매일 같은 하루였지만 마음만큼은 늘 평온했다.

그러나 마흔을 넘기며, 그 평온을 붙잡고 있어야만 하는 순간이 찾아왔다. 남편 회사에서 매년 하던 부부 건강검진을, 그해에도 숙제하듯 아무 생각 없이 마쳤다. 두 주쯤 지나 걸려 온 병원의 전화.

"이상 소견이 의심되니 재검을 받아보세요."

순간 머리가 하얘졌다. 며칠 동안 이어진 추가 검사는 마음을 더 무겁게 했다.

결과를 듣는 날, 남편은 일찍 퇴근했고 큰딸도 서둘러 집으로 왔다. 셋이서 병원으로 향하는 길, 겉으론 덤덤했지만 속은 한순간도 고요할 수가 없었다.

진료실에 들어서자 의사가 차트를 들여다보다 입을 열었다.

"아, 안타깝게도……."

그 한마디를 들은 순간, 고개가 툭 떨어졌다. 이후의 말은 들리지 않았고, 귀에서는 웅웅 거리는 울림만 가득했다.

'0기 암'. 그 짧은 단어가 내 세상을 멈춰 세웠다. 초기여서 항암은 안 하고 수술만 하면 된다는 말이 위로였지만, 당시의 나는 도무지 받아들일 수 없었다.

'암이라고요? 왜 내가!'

유전질환도 없고, 부모님도 건강하셨다. 시어머님이 일찍 돌아가셔서 늘 과로와 술에 지친 남편 건강에만 유독 예민했는데, 정작 환자가 된 건 나였다. 내 나이 겨우 사십 초반이었다. 그때까지 내 인생에는 내가 아플 거라는 시나리오가 없었다. 그런데 나는 우리 집의 첫 암 환자가 되었다.

수술 때문에 부모님께 알리며 마음이 무거웠다.

지금 생각하면 연로하신 부모님께 걱정까지 끼치면서 알리지 말았어야 했나 싶기도 하지만, 그땐 무엇보다 내 삶을 지켜내는 것이 급했다. 당시의 나는 오직 그 생각뿐이었다.

놀란 엄마는 눈물을 삼키며 말했다.

"네가 무슨 힘으로 수술을 버티겠니. 병원 앞에만 가도 겁을 내던
애가……."

그러다 이내 걱정은 화로 바뀌었다.

"너는 왜 늘 참기만 하니? 풀지도 못하고 꾹꾹 눌러 담다가 결국 병
이 된 거잖아!"

아픈 것도 억울한데, 병든 이유마저 내 성격 탓처럼 들려 서러웠다.
하지만 생각해 보면, 엄마는 슬픔의 무게를 덜어내기 위해 원인을 내
게로 돌려놓는 방식으로 슬픔을 삭이고 있었을 것이다.

왜 하필 나에게 이런 일이 생겼을까?

하지만 곰곰이 생각해 보니, 내가 억울한 건 병 때문만은 아니었다.

수술이 잘못되면 죽을 수도 있다는 생각이 스치며, 그동안 '내일을
위해 오늘을 미뤘던 시간 들', '아끼고 또 아껴 누리지 못한 것들'이 한
꺼번에 떠올랐다.

그 순간 생각났다. 내일은 없는 듯이 오늘만을 살던 친구가!

늘 이해하기 어려웠고 슬쩍 걱정까지 되던 그 친구의 삶이, 그때만
큼은 부럽기 짝이 없었다.

나도 진작 그렇게 살아볼걸. 그렇게 나는 유일하게 남아 있던 1인실의 병실에 입원하는 호사를 누렸고, 처음 누워보는 바퀴 달린 침대에 몸을 맡긴 채 수술실로 향했다.

수술실 앞, 남편과 스친 짧은 눈빛에는 모든 마음이 담겨 있었다.

저 문으로 다시 나올 수 있을까 하는 극한의 두려움, 혹시 모를 상황에 아이들을 부탁하는 간절함까지.

그 순간까지도, 나는 우리의 아이들이 가장 마음 아팠으니까.

전날 저녁, 공원을 함께 걸으며 남편에게 주저 없이 쏟아냈던 내 인생 가장 단순한 명제들, 그 뒤늦은 후회와 무게.

쉴 새 없이 흘러나오던 내 마음을 남편은 그때 어떤 심정으로 받아냈을지, 지금도 가늠할 수 없다.

문 앞에 서니 문득 깨달았다. 삶이란 게, 별게 아니라는 걸. 왜 그렇게 바둥거리며 살았을까? 별별 생각이 다 스쳐 지나갔다. 그 안에는 아주 사소하고 별것 아닌 걱정도 섞여 있었다. 예컨대 남편이 너무 빨리 재혼하면 어쩌나 같은 것.

그래도 남편이 다시 결혼하는 건 보고 싶지 않았는지, 전신마취 중에도 힘을 냈나 보다. 아니면, 수술실 문이 닫히기 직전 남편이 외치던 "혜연아, 힘내!" 그 한마디가 주문처럼 나를 붙들어 준 덕이었을까.

다행히 수술은 무사히 끝났고 나는 그렇게 다시 일상으로 돌아왔다.

그 후에는 가족이 곁을 지켰다.

출근 후에도 꼬박꼬박 전화로 내 상태를 챙기던 남편, 혼자 있는 시간을 만들지 않으려 부지런히 귀가하던 딸들, 기도로 힘을 보태주신 부모님과 형제들, 주말마다 놀러와 응원해 주던 조카 쭈니까지.

내 곁에는 늘 사랑이 있었다.

그렇게 나는 벼랑 끝을 맛보았지만, 기도와 가족의 사랑으로 끝내 버텨냈다. 돌이켜보면, 그것은 내 인생에서 가장 큰 굴곡이었지만, 동시에 감사한 성장의 시간이었다.

사십 대 한창나이에, 평탄하다 믿었던 길 위에서 나는 돌부리에 걸려 넘어졌다. 젊은 시절 만난 돌부리는 삶을 통째로 흔들 만큼 거대했다. 그러나 그 충격만큼 깨달음도 깊어졌다.

그 터널을 지나며 나는 세 가지를 얻었다.

첫째, 삶의 무게를 덜어내는 법. 수술대 위에서 나는 경직된 얼굴로, 곧 수술을 집도할 박사님만을 뚫어지게 바라보고 있었다.

TV 프로그램 '명의'에서 익히 낯이 익은 분이었다. 설마 유명인을 이렇게 가까이서 보게 될 줄이야. 그것도 하필 병원 침대 위에서라니.

그분은 내 긴장을 풀어주려는 듯 말했다.

"심각해하지 마세요. 수술은 금방 끝나고 나면 아무것도 아닙니다.

세상도 마찬가지예요. 너무 깊이 고민하지 말고, 그냥 칠렐레 팔렐레 사는 게 제일입니다.”

수술대에 누워있는 그 시간만큼은 수술을 맡은 그분이 내 존재의 절대자처럼 여겨졌기에.

그 순간, 그 말은 삶의 모범답안처럼 가슴에 새겨졌다.

그날 이후 나는 ‘심각함’과 ‘완벽하고 싶은 욕심’을 조금씩 내려놓았다. 단순하게, 가볍게, 그리고 즐겁게 살기로 했다.

둘째, 그날 이후 나는 ‘착한 사람’이 되려는 오래된 착각을 벗고, 나를 지키는 새로운 착각을 쓰기 시작했다. 그 가면 뒤에 숨어 나를 잃어갔던 시간 들을 나는 천천히 되돌아보았다. 이제는 꼭 참아야 할 것과 기꺼이 즐겨야 할 것을 분명히 나누며 살기로 했다.

어쩌면 그날이, 유쾌한 착각 여왕으로 첫발을 내딛던 순간이었는지도 모른다.

셋째, 나를 위한 작은 용기를 내보기 시작했다.

해가 좋은 날이면 무조건 밖으로 나갔다. 5분이든 10분이든 햇빛을 쬐고 돌아오면 마치 몸과 마음에 새로운 빛이 칠해지는 기분이었다.

씻지 않았어도, 빨래를 개키다 말았어도, 청소기를 덜 돌려도 괜찮았다. 예전의 나라면 하던 일을 던져두고 밖으로 나가는 일은 상상도 못 했을 것이다. 그러나 그때부터 나는 하기 시작했다. 빛을 일부러라도 내 삶으로 끌어들이는 일을.

그렇게 단순하고 즐겁게 사는 법을 배우며 나는 다시 태어난 듯, 전보다 훨씬 가벼운 삶을 살기 시작했다. 삶은 여전히 '만만한 콩떡'이 아니지만, 그날 병원 문턱을 넘던 마음을 떠올리면 지금도 나를 버티게 하는 힘이 된다.

그 이후로 나는 넘어져도 금세 다시 일어서는 법을 배웠다.

그 과정에서 삶은 한층 깊어지고 자유로워지며, 불확실한 미래를 마주할 용기도 생겨난다.

어느새 스무 해가 흘러 아이들은 어른이 되고, 나는 손녀의 웃음을 바라보는 할머니가 되었다. 조금 일찍 돌부리에 걸려 넘어진 덕분일까. 그때의 아픔이 오히려 지금의 나를 단단하게 만든 것 같다.

나는 이제 칠렐레 팔렐레를 즐기는 할머니, 그리고 나답게 사는 유쾌한 착각 여왕으로 살아가고 있다.

삶은 무겁게 움켜쥘수록 힘들다.

가볍게, 즐겁게, 칠렐레 팔렐레.

유쾌한 착각 여왕

글 쓰는
배꼽

글쓰기는 나만의 작은 놀이터다.

아이들과 글을 나누다 보면, 글은 웃음과 울음까지 담아내는 살아
있는 언어가 된다.

삶은 종종 돌부리에 걸려 휘청거린다.
현실에서는 넘어짐이 아픔을 남긴다.
하지만 글밭에서의 풍경은 조금 다르다.

글 속에서는 실패와 실수마저 새로운 이야기의 씨앗이 된다.
현실의 상처가 글 안에서는 소중한 재료로 피어난다.
그래서 나는 삶과 글쓰기가 닮아있음을 깨닫는다.
겪은 만큼 단단해지듯, 쓴 만큼 성장하니까.

아마 그래서일까?

이 나이에도 여전히 성질 급하고 강약 조절이 서툰 나는, 글 속에서 만큼은 마음껏 뛰어다닌다.

며칠 전 가입한 커뮤니티에서 작가가 되었다는 설렘 하나로, 마치 노벨문학상이라도 받은 양 들떠 "이제 글 써야지!" 라는 생각 하나에 정신이 없었다.

머리 위에는 말풍선이 둥둥 떠다니고, 글자들은 줄넘기하듯 이리저리 튀어 다녔다. 나는 그걸 잡으려고 하루 종일 글의 망망대해를 헤엄쳤다.

뇌는 거의 탈수기에 가까웠다. 최강 코스로 쥐어짜듯 생각을 짜내고, 틈만 나면 냅다 앉아 메모부터 했다. 청소를 하다가도, 밥을 먹다가도, 손녀와 놀다가도, 심지어 화장실에서도.

이젠 '앉았다' 하면 뭐라도 써야 직성이 풀렸다.

그러다 보니 하루의 움직임은 절반으로 줄고, 그 빈자리를 배가 야무지게 채웠다. 불과 일주일만의 변화였다.

다음 단계는 복부비만, 일명 '글 쓰는 배꼽'이 될 판이다.

전두엽은 반짝이고 생각은 또렷해져 '나를 살펴주는 글쓰기' 라며 뿌듯해했는데, 그 속에 이런 뜻밖의 부작용이 숨어 있을 줄이야.

배는 나오고, 멘탈은 바짝 들어가고, 이래저래 내 몸은 글맛에 푹

          유쾌한 착각 여왕

절여졌다.

글을 쓰며 나 자신을 이해하고 생각을 정리하는 힘을 경험하고 나니, 이 좋은 걸 나 혼자만 누리기엔 아깝다는 생각이 들었다.

마침 영어 유치원을 다닌 손녀가 우리말 어휘와 문장 이해력이 부족해 보여 마음이 쓰였다.

내가 말을 조금만 길게 해도 "응? 응?" 하고 되묻는 일이 잦았다.

걱정 많은 할미는 국어를 소홀히 해선 안 된다는 생각에 마음이 급해졌다. 과거 과외지도를 하며 '일타 강사'를 꿈꿨던 열정을 되살려 곧바로 독서 지도사 공부를 시작했다. 그렇게 나는 손녀와 초등학생들을 대상으로 독서 지도 선생님이 되었다.

아이들과 함께하는 수업 시간은 내게 비타민 같은 시간이 되었다.

남의 이야기를 귀 기울여 듣고 자기 생각을 또박또박 발표하는 아이들을 보고 있으면, 그들과 생각을 나누는 이 시간이 유난히 사랑스럽다.

그러다 보니, 툭하면 말귀를 못 알아듣고 엉뚱한 소리를 하는 우리 집 할아버지도 이참에 같이 앉혀 놓고 공부시키고 싶다는 마음이 굴뚝같아진다. '애들아, 글쓰기 정도는 공부한 상대를 만나야 소통이 즐겁단다.'

차마 입 밖으로 꺼내지 못한, 내 마음속의 외침이다.

아이들은 참 예쁘다. 동글동글한 뒤통수도, 반짝이는 눈동자도, 내 장난에 배시시 새어 나오는 실웃음마저 사랑스럽다. 내 눈에는 그들이 이렇게나 예쁜데, 어쩐지 그들 눈에 나는 영 아닌가 보다.

하루는 수업 중에 갑자기 창밖에서 화재 경보 사이렌이 울렸다. 순식간에 아이들의 눈망울에 겁이 번졌다. 나 역시 당황했지만, 내색하지 않고 침착하게 아이들을 다독였다.

다행히 얼마 지나지 않아 "오작동"이라는 안내 방송이 흘러나왔다.

안도의 한숨을 내쉬는 찰나, 한 아이가 뜬금없이 물었다.

"선생님! 선생님은 몇 살이에요?"

의아한 내가 되물었다.

"선생님 나이는 갑자기 왜?"

아직 놀란 가슴이 다 가라앉지 않은 듯, 아이는 울먹이는 목소리로 말했다. "선생님이 나이가 많아서, 우리 데리고 못 뛰실까 봐요."

순간, 화재 경보보다 더 큰 충격이 밀려왔다.

나는 헛웃음을 삼키고 노래하듯 리듬을 붙여 외쳤다.

"선생님도 뛸 수 있거든!" 젊은 척.

가끔 아이들이 나이를 물을 때마다 그저 단순한 호기심이거나 나를 놀리는 장난쯤으로 여겼다. 그런데 이다지도 깊은 뜻이 숨어 있을 줄이야. 나는 여전히 마음만은 청춘이고, 아이들과 신나게 글밭을 뛰논다고 믿고 있었건만. 어쩌면 혼자만 앞서 달리고 있었는지도 모르겠다.

그래도 나는 오늘도 글밭에서 아이들과 함께 뛴다.

글맛에 절여진 나이 많은 선생님과 꽃씨를 잔뜩 품은 아이들이 한 줄 한 줄 써 내려가는 이야기 속에서 삶은 오늘도 어김없이 꽃을 피운다.

"애들아, 선생님이 빠르게 뛰진 못해도 이야기의 꽃씨만큼은 아주 많이 가지고 있단다.

그러니 우리, 천천히 가도 괜찮으니 오래오래 함께 꽃을 피워보자."

그렇게 우리는

서로를 오해하고, 웃고, 다시 안심하며

우리만의 이야기를 차곡차곡 쌓아간다.

겁쟁이 할머니의
주름 이야기

나는 스스로 '우주 최강의 겁쟁이'라 부른다.

남들에겐 사소한 일도 내겐 늘 용기 시험이다.

내 살이 아픈 게 제일 무섭고 고소 공포증, 동물 공포증, 물 공포증, 유리 공포증까지 수많은 공포들과 매일 협상하며 살아간다.

이토록 겁이 많으니 할 수 있는 것도 남들보다 적다.

놀이공원에서는 몇 개 안 되는 놀이기구만 타는 수준이고, 반려동물 키우는 건 꿈도 못 꾼다.

첫 괌 여행에서는 "어른이 무슨 튜브냐"는 남편의 핀잔에 튜브도 못 빌리고, 바다엔 들어가 보지도 못했다. 길눈도 어두워 장롱면허로 평생을 보내다가, 집순이 삶에 꽤 익숙해졌다.

그런 겁쟁이 할머니가 손녀를 돌보느라 다른 지역으로 이사까지 왔으니, 친구들 만나는 일도 쉽지 않았다. 일 년에 한두 번, 서울에서 친구들이 나를 보러 와주는 그 시간이 유일한 수다 시간이었다. 그들은 내게 활명수 같은 존재다. 답답함을 나눠가고, 다정한 웃음도 주며, 따끔한 조언도 아끼지 않는다.

그렇게 오랜만에 모인 어느 날, 수다 꽃을 한창 피우고 있는데 친구 하나가 내 얼굴을 찬찬히 보더니 말했다.

"그새 주름 많이 늘었네. 보톡스 좀 맞아. 우린 다 관리하거든."

청소는 열심히 해도 외모 관리에는 천성이 게으른 나는 팩 하나도 귀찮아한다. 피부 조직이 얇아 잔주름과 잡티가 잘 드러나고, 겁이 많아 점조차 못 뺐다. 그러니 반짝반짝 관리하는 친구들 옆에 서면 나는 영락없는 쭈구렁쟁이다.

친구의 갑작스런 보톡스 권유에 당황했지만, "팔뚝에 맞는 주사도 무서운데, 얼굴에 주삿바늘을? 내가 어떻게 해! 얼굴에 주름 있는 게 죄야? 자연스러운 게 좋지" 하고 허세를 부리며 대꾸했다.

그러면서도 속으론 '그래도 아직은 괜찮다고 해주겠지?' 하는 소심한 착각을 품고 있었다. 하지만 친구는 웃으며 말했다.

"요즘엔 얼굴에 주름 있으면 죄야. 호호호."

그 말이 콕 찔렀다. 겁쟁이인 데다 주름 죄인이라니. 주름이 죄라면 나는 아마 종신형이다. 그래도 내 웃음에는 가석방은 없다며 큰소리치고 헤어졌다.

하지만 친구들을 보내고 돌아오니 마음 한구석이 왠지 찝찝했다.

평소에는 잘 들여다보지도 않던 거울을 보며 혼잣말을 던졌다.

"거울아, 거울아! 할아버지랑 나랑 누가 더 주름이 많니?"

싱겁게 중얼거리던 순간, 친구들이 말하던 '한 대에 만 원'이라는 보톡스 이야기가 떠올랐다.

나는 무서워 못 맞아도, 팔자 주름 때문에 레티놀에 빠지고도 효과 못 보는 남편에게나 인심을 써볼까 싶었다.

"할아버지, 보톡스 맞아볼래?"

역시나 남편은 아픈 건 따지지도 않고 가격부터 물었다. 만 원이라는 말에 바로 눈이 반짝였다. 역시 우리 집 가성비 왕이다. 쇠뿔도 단김에, 마음이 동했을 때 바로 움직이기로 했다. 다음 날 아침, 병원으로 향했다. 의사는 남편의 얼굴을 살펴보더니 단호하게 말했다.

"팔자 주름에는 안 됩니다. 너무 깊어요. 보톡스는 깊어지기 전의 주름에 효과가 있어요."

주사 맞고 나보다 더 젊어질까 봐 은근 걱정하던 마음이 도리어 미안함으로 바뀌었다. 실망한 남편의 얼굴을 보니, 괜히 바람을 넣은 것 같았다. 맞고 싶은데 못 맞는 남편, 권유받았으나 도저히 맞고 싶지 않은 나. 결국 우리는 서로 다른 이유로 시술을 받지 못했다. 그렇게 '주름 죄인'이라는 같은 신세가 되어 나란히 병원을 나섰다.

유쾌한 착각 여왕

그런데 병원을 나오는 길, 나는 문득 따뜻한 생각이 들었다.

'아, 우리가 함께 늙어 가고 있구나.'

내 주름에는 손녀와 웃던 흔적이 있고, 남편과 실랑이하며 살았던 세월이 있고, 밤마다 걱정으로 이마를 찌푸렸던 순간들이 있다.

그 주름들은 평생 나와 함께 달려온 삶의 지도였다. 지도 위에는 우리가 함께 웃고 싸우고 화해한 길들이 고스란히 그려져 있었다. 그래서 나는 이렇게 결론 내렸다. 주름이 죄라면, 나는 기꺼이 죄인으로 살겠다. 왜냐하면 그 주름마다 내가 살아온 이유가 있으니까!

나는 여전히 우주 최강 겁쟁이지만, 주름과 함께 쌓아온 이야기는 누구보다 유쾌하게 풀어낼 수 있다.

오늘도 남편과 나는 시끌시끌 외친다.

"생긴 대로 살자!"

주름도, 웃음도, 투닥거림도 우리 부부 풀 패키지로 즐기면 그만이다. 주름은 내 삶의 증거, 웃음은 그 증거에 찍힌 행복의 마침표다.

주름은 깊어져도, 웃음은 더 깊게.

착각은 더 유쾌하게.

나 혼자
살아 봤다

남편을 태운 공항버스가 멀어지는 걸 확인하자마자, 나는 손을 흔들며 안녕을 고하던 작별 모드에서 자유를 향한 경보 모드로 전환됐다.

집 앞 쇼핑몰로 향하는 발걸음은 어느새 설렘으로 폴짝거렸다.

어제까지 허전하고 착잡했던 기분은 금세 증발했고, 내 발길이 닿은 곳은 올리브영이었다.

한 바퀴를 채 돌아보기도 전에 눈이 번쩍 뜨이는 핫핑크 몸통에 연두색 솔을 가진 화사한 칫솔 하나를 집어 들었다.

평소 같았으면 마트 구석에서 1+1로 묶인 투박한 칫솔 꾸러미를 골랐을 테지만, 오늘은 달랐다. 묶음 할인 제품보다 몸값은 조금 나갔지만 상관없었다. 오늘은 하나만 사면 되니까.

이 작고 발랄한 사치는, 오롯이 나로만 채워질 '나만의 시간'이 시작됐음을 요란하게 알려주고 있었다.

대학 졸업과 동시에 결혼한 나는, 살면서 단 한 번도 혼자 지내본

적이 없었다. 부모님이라는 든든한 울타리를 지나, 결혼과 동시에 남편이라는 그늘 아래로 거처를 옮긴 셈이었다.

식구가 하나둘 늘어나고 서로 살을 부비며 복작복작 웃던 시간은 더없이 행복했다. 우리 가족 최고의 즐거움은 주말 저녁, 온 식구가 둘러앉아 간식을 먹으며 예능 프로그램을 보는 시간이었다. 큰딸이 소개팅을 하다가도 그 시간만큼은 칼같이 귀가할 정도였으니, 우리에게 '함께'라는 단어는 공기처럼 당연하고 편안한 것이었다.

하지만 그 공기가 가끔은 아주 살짝 답답했던 걸까.
아니면 누구의 시처럼, 가보지 않은 길에 대한 막연한 기대였을까.
꼭 찬 일상이 주는 충만함이 좋으면서도 마음 한구석에서는 낯선 바람 하나가 종종 불어왔다.

TV 속 혼자 사는 연예인들의 여유로운 일상을 멍하니 보고 있노라면, '나도 딱 한 번만 저렇게 살아보고 싶다'는 발칙한 생각이 은근슬쩍 고개를 들곤 했다. 누구의 밥때를 챙길 필요도, 보고 싶은 채널을 양보할 필요도 없는 완벽하게 독립된 시간. 오로지 나만의 속도로 흐르는 하루. 오죽하면 '다음 생이 있다면 그땐 꼭 한 번 혼자 살아보리라'는, 의미 없는 상상까지 해보았을까.

그런데, 그 상상이 현실이 되는 날이 찾아온 것이다.

한여름 동안 남편이 캐나다에 사는 동생네 집에서 머물게 된 것이다.

은퇴 후 대자연 속에서 온전한 여름을 보내겠다며 아이처럼 들떠 있는 남편을 보며, 나 역시 속으로는 다른 의미의 콧노래를 불렀다.

기회의 여신이 인심을 쓰는 김에 팍팍 쓰는지, 마침 방학을 맞은 손녀도 딸과 함께 한 달간 미국으로 떠났다.

왁자지껄하던 집안에 정적이 내려앉고, 내게는 생애 처음으로 '오롯이 혼자 있는 한 달'이라는 보너스가 주어졌다.

막연히 TV 속 연예인들이나 누리는 줄 알았던 그 장면이 내 눈 앞에 펼쳐지자, 남편에 대한 허전함보다 설렘이 빛의 속도로 먼저 밀려왔다. 집으로 돌아오자마자 가장 먼저 한 일은 욕실 청소였다. 그리고 방금 사 온 핫핑크 칫솔을 컵에 꽂았다. 그 칫솔 하나로 욕실은 갑자기 '싱글여성이 사는 아기자기한 공간'처럼 화사해 보였다.

이어지는 해방의 의식. 남편의 침구를 벗겨 세탁기에 넣고 집 안을 말끔히 정리했다. 저녁 메뉴는 콩국수 한 그릇. 정돈된 식탁에서 식사를 마치고 싱크대까지 반짝이게 닦아내고 나니 마음이 묘하게 든든해졌다. 혼자살이의 두 번째 단추까지 제대로 채운 기분이었다.

식구들의 소음이 사라진 고요한 집에서, 나는 비로소 나의 호흡을 되찾았다. '아, 이제야 좀 내 맘대로 쉬겠네.' 탄성이 절로 터져 나왔다.

유쾌한 착각 여왕

TV 속 '나 혼자 산다'의 화려한 일상이 전혀 부럽지 않을 만큼, 나는 이제부터 한 달 내내 나만의 방식으로 이 고립을 즐길 작정이었다.

화려하지는 않아도 '은근히 괜찮은 싱글 라이프' 정도는 충분히 꾸려낼 자신이 있었다.

무사히 첫날 밤을 보내고 맞이한 아침, 어제 치워둔 그대로 흐트러짐 없는 거실과 마주했다. 소파에 깊숙이 앉아 김이 모락모락 나는 커피를 홀짝이며 문득 생각했다.

'아, 혼자 사는 맛이 이런 거였구나.'

하루, 이틀이 지나자, 만족감은 정점으로 치달았다.

소파를 차지하고 누워 있는 '게을킹'도 없고, 리모컨 주도권을 두고 실랑이를 벌일 일도 없었다. 늘 귓가를 흔들던 기침 소리, 코 푸는 소리, 발 끄는 소리까지 모두 음소거 된 완벽한 평화.

원하는 시간에 눈을 뜨고, 내키는 대로 먹고, 마음껏 늘어졌다.

누군가의 속도에 맞추느라 삐걱거리던 고장 난 시계가, 비로소 '내 리듬'을 찾아 정확히 돌아가는 기분이었다.

바로 그때까지는, 내가 완벽하고도 우아한 혼자살이의 고수인 줄 알았다. 물론 그 당당한 착각의 유통기한은 길지 않았다. 며칠이 더 흐르자, 집 안의 온도가 미묘하게 달라지기 시작했다. 생동감으로 가득하던 공간은 숨결이 빠져나간 정물화처럼 서늘해졌다.

　남편과 손녀가 흐트러뜨릴 때마다 그토록 지키고 싶었던 공간의 질서와 말끔함이, 더 이상 아무런 의미가 없게 느껴지기 시작했다.

　먼지 하나 없이 제자리를 지키던 거실 풍경은, 어느새 적막이라는 이름의 이끼가 낀 듯했다.

　말을 건넬 입술도, 어깨를 부딪칠 온기도 없는 시간 속에서 내 감정은 멈춰 버린 웅덩이처럼 고요해졌다. 어떤 날은 씻는 것조차 귀찮아져 해가 뜨고 지는 줄도 모른 채 집 안에만 머물렀다.

　한때는 돈을 주고서라도 사고 싶었던 그 고요가, 이제는 매일 아침 맞서 싸워야 할 대상처럼 느껴지기 시작했다.

　그제야 알았다. 소란이 곁에 머물러줘야 고요도 제빛을 낸다는 것을. 혼자만의 시간은 분명 달콤하고 소중했지만, 그 시간이 길어질수록 '함께 있음'이라는 배경이 내 삶을 얼마나 또렷하게 지탱하고 있었는지도 선명해졌다.

　한 달이라는 보너스 시간이 끝나갈 즈음, 나는 거울 속의 나에게 웃으며 말했다. '그래, 이만하면 충분히 잘 놀았다. 이제는 좀 시끄러워도 같이 사는 게 낫겠어.' 붙어 있을 때는 하루가 멀다 하고 으르렁 대회를 열던 남편인데, 바다 건너에서 날아오는 아침 카톡에는 어찌나 다정함이 가득한지. 평생 내 앞에서는 칭찬도 인색하던 사람이 화면 속에서는 걱정과 애정을 아낌없이 흘려보냈다.

　　　　　　　　　　　　　　　　　　　　유쾌한 착각 여왕

그렇다. 오래된 부부도 가끔은 띄엄띄엄 봐야 더 예뻐 보이는 법이다. 거리는 애정을 만드는 마법의 재료였다.

곧 다시 시작될 '우리'의 일상을 머릿속에 그려본다. 집안을 채울 투박한 생활의 소음들, 잔소리가 섞인 투덕거림, 눈을 감고도 훤한 서로의 움직임들. 그 모든 소란이 조용히 그리워지기 시작했다.

혼자 있는 시간은 나를 깊이 들여다보게 해주었고, 함께 사는 시간은 그 배움을 삶 속에서 증명하게 해주었다. 결국 삶이란 고요와 소란, 홀로 와 함께 사이를 부지런히 오가며 나에게 딱 맞는 속도를 찾아가는 여정이 아닐까?

이제 핑크색 칫솔 옆에 남편의 투박한 칫솔을 다시 놓아줄 시간이다. 언젠가 또 숨이 턱 끝까지 차오르는 날이면, 다시 '나 혼자 산다'의 시간이 간절해질지도 모르겠다.

하지만 이제는 안다. 소란이 곁에 있어야 고요가 비로소 빛난다는 것을. 그리고 그 깊은 고요를 지나온 사람만이, 다시 마주할 소란을 기꺼이 사랑할 수 있다는 것을.

한여름 밤의 꿈처럼 달콤했던 고요 덕분에 나는 다시 가족의 시끌벅적한 일상 속으로 걸어 들어간다.

어제보다 조금 더 단단해진 마음으로,
내 손등에 닿는 온기를 조금 더 감사히 여기면서.

나이 듦의
용기

시간은 혼자 흘러가는 듯 보인다.

시계 바늘이 한 박자씩 움직이듯 천천히 흐르는 것 같지만, 세상에 저절로 이루어지는 일은 없다. 나이 드는 일조차도 그렇다.

나는 오래도록 시간이 이 일을 대신해주는 줄 알았다.

일 년이 지나면 한 살이 더해지고, 그렇게 더해진 나이들이 쌓이면 아이에서 어른으로, 어른에서 중년과 노년으로 자연스레 넘어가는 줄로만 믿었다. 하지만 나이 듦은 시간이 선물해 주는 변화가 아니라, 살아내야 비로소 얻을 수 있는 또 하나의 과정이었다.

꼿꼿하던 남편이 앉고 일어설 때마다 예전 같지 않은 관절의 신호들을 지켜보는 일, 어느덧 품을 떠나 자신만의 속도로 멀어지는 아이의 뒷모습을 인정하는 일. 그리고 어제와 달라진 내 몸의 신호까지 담담히 받아들여야 하는 일.

이 모든 변화를 마주하는 데에는 생각보다 큰 용기가 필요했다.

"안 그러던 내가 왜 이러지?" 하는 순간, 마음을 바닥으로 끌어 내

리려는 우울에게 침몰당하고 만다. 결국 나는 이렇게 인정할 수밖에 없었다. 아! 그도 나도 나이 들어가고 있구나.

몸이 보내는 신호는 더 확실하다. 예전엔 반짝이던 눈으로 세상을 크게 비추었지만, 이제는 노안에 가려 반만 보며 살아간다. 힘을 잃고 가늘어진 머리카락은 제멋대로 흩날리니, 단정한 머리와는 도통 친해질 수 없게 되었다. 구두를 잘 신지 않던 발인데도 무지외반증이라는 불청객이 찾아와, 이제는 좀 걸으려면 기능성 신발이 필수가 되었다. 힘껏 밀어야 열리는 건물의 문 앞에서, 나는 늘 남편에게 그 일을 미룬다. 내 왼쪽 손목은 그럴 만한 상태가 아니다. 이 손목을 볼 때면 그날의 풍경이 떠오른다.

첫아이를 낳고 병실에 누워 있던 날. 양가 어머님들을 돌려보내고 당당히 간호를 자처한 남편은, 동료들의 축하주에 취해 옆 침대에서 자다가 쿵 하고 바닥으로 떨어졌다.

갓 아이를 낳은 몸이었지만 한겨울 차가운 바닥에 널브러진 그가 혹시 입이라도 돌아갈까 봐 걱정이 되었다.

침대에서 어렵게 내려와 힘겹게 그를 다시 침대 위로 끌어 올리느라, 출산 직후의 뻐근한 허리와 팔 근육을 쥐어짜며 마지막 힘까지 죄다 쏟아부었다. 온몸의 근육과 의식이 총동원된 순간이었다.

그때만 해도 출산 직후의 내 몸 상태보다 남편에 대한 애정이 컸던 모양이다. 찬 바닥에서 남편을 지켜낸 나의 위대한 손목아, 정말 고생 많았다. 그날의 무리 탓인지, 나이가 드니 더 삐걱댄다.

몸뿐 아니라 마음도 세월의 결을 따라 변했다. 나이가 들면 저절로 온화해질 줄 알았는데, 웬걸. 예전 같으면 무심히 넘겼을 일에도 마음이 먼저 급해지고, 사소한 일에 불쑥 화가 치밀어 오르는 나를 발견하며 당혹스러울 때가 많다.

참을성이 줄어든 것이 아니라, 어쩌면 변화하는 세월을 견뎌내느라 마음의 여백이 잠시 좁아진 탓일지도 모르겠다.

그래서 한 박자 늦추는 연습을 한다. 살다 보면 조금 느리게 걷는 시간도 필요하다.

삶을 바라보는 시선도 달라졌다. 한때는 빈 벽이 보이면 허전하게 느껴져 채우고야 말았고, 빈 공간이 보이면 작은 물건이라도 들여놓고 싶어 안달이 났다. 하지만 지금은 그 비어 있는 여백이 주는 숨결이 더 좋다. 그래서 마음이 복잡해지면 집 안 물건부터 줄여 나간다.

삶은 우리를 끊임없이 낯설게도, 불편하게도 한다. 공동현관 앞에서 머릿속의 비밀번호가 하얗게 지워져 순간 얼어붙었던 날. 당황함에 멈춰 선 등 뒤로 서늘한 바람이 지날 때, 나는 괜히 예전의 묵직한 열쇠가 그리워지기도 했다.

하지만 이제는 그 낯선 순간들을 붙잡고 괴로워하지 않는다.

익숙한 것들과 작별하고 새로운 방식을 받아들이며, 느려져도 괜찮다고 스스로에게 속삭이는 순간, 비로소 진짜 나를 만나기 때문이다.

우리는 서툴게 부모가 되어 아이와 함께 자라고, 서로의 모난 구석을 보듬어 키우며 여기까지 왔다. 몸과 마음은 예전보다 느려졌지만, 그만큼 삶의 숨결을 더 깊이 느낀다.

이제는 불편함도 기꺼이 웃음으로 품고, 스쳐 지나갈 뻔했던 작은 순간들마저 사랑으로 채워간다. 지나온 세월이 나를 빚어냈듯, 앞으로의 하루하루도 나를 더 나답게 만들어갈 것이다. 때로는 서투르고 불안한 길일지라도, 그 시간을 담담히 웃어넘기며 오늘을 걷는다. 그 길이 완벽하지 않아도 괜찮다.

우리는 모두 각자의 속도로 삶이라는 길을 나아가는 여행자다.

당신의 길 위에는 어떤 모양의 낯섦이 기다리고 있을까?

그 사소한 불편함 속에서 당신만의 용기를 발견하길 바란다.

나이 듦은 저절로 되는 줄 알았다. 그러나 그것 또한 착각이었다.

우리는 살아내야 비로소 나이가 들고, 마침내 '나'라는 문장을 완성해 간다. 어쩌면 나이 든다는 것은, 매일 마주하는 작은 불편함 들을 통해 나만의 용기와 친해지는 연습인지도 모른다.

내가 마주할
얼굴

몇 해 전, 작은딸을 만나러 가는 길, 비행기에 올라 좌석을 찾아갔는데 웬 할머니 한 분이 내 자리에 떡하니 앉아 계셨다.

좌석표를 보여드리며 "이 자리는 제자리인데요"라고 말씀드렸지만, 할머니는 조금의 망설임도 없이 자기 자리라며 완강히 우기셨다.

"표 좀 보여주세요. 확인해 드릴게요."

"표를 깊숙이 넣어놔서 꺼내기 어려워요."

황당했다. 결국 승무원이 나서서 할머니를 옆 좌석으로 안내한 후에야 상황이 정리되었다. 그사이 내 자리의 슬리퍼와 기내 비품이 싹 사라져 있었지만, 이미 소동으로 진이 빠진 터라 새것을 요청하는 것으로 상황을 마무리했다.

그런데 소동은 거기서 끝나지 않았다. 할머니는 운항 내내 눈살을 찌푸리게 하는 행동을 반복하셨다. 귀마개를 필요 이상으로 챙기려 승무원을 자꾸 불러댔고, 기내식 시간에는 건강 이야기를 장황하게 늘어놓으며 밥을 제일 먼저 요구하셨다.

특히 착륙 준비 방송이 나오자, 안전벨트를 착용하라는 승무원의 제지도 아랑곳하지 않고 화장실 앞으로 달려가 줄을 무시하고 사용하는 모습에서는 강한 조급함과 특권 의식이 느껴졌다.

우리는 타인의 모습에서도 많은 것을 배운다. 그 모습이 누군가에게는 잠깐의 해프닝일 수 있었지만, 나에게는 '어떤 어른이 될 것인가'라는 오래도록 남을 질문을 던져주었다. 이 작은 소동은 단순한 불편으로 끝나지 않았다. 오히려 삶의 태도와 가치, 그리고 앞으로 어떤 어른이 될지를 점검하는 소중한 계기가 되었다.

나는 오랫동안 '나이는 성숙의 다른 이름'이라는 엄청난 착각 속에서 살았다. 나이가 들면 누구나 저절로 성숙한 어른이 되는 줄 알았다. 하지만 세월만으로는 절대로 성숙해지지 않는다는 것을 깨달았다. 배려와 여유를 젊을 때부터 익힌 사람만이 진정으로 아름다운 노년을 맞을 수 있다.

물론 그 할머니에게도 남들에게는 알릴 수 없는 사정이 있었을지도 모른다. 그러나 분명한 건, 나 역시 언제든 '그 할머니'가 될 수 있다는 두려움이었다. 타인을 향하던 날카로운 눈빛이 이내 나를 향했다. 그 순간 내 안에 조급하고 참을성 없는 또 다른 할머니가 숨어 있음을 깨달았다.

　순서가 지연되거나, 무성의한 응대를 받거나, 공공장소에서 매너 없는 행동을 마주할 때마다 쉽게 인내심이 바닥이 나고 감정이 상하는 나를 발견한다. 그것을 다스리지 못한다면, 나도 남에게 불편을 주는 노인이 될 수 있겠다는 생각이 스쳤다.

　어린 시절의 나는 수줍음이 많고 조용해 남들 앞에만 서면 곧잘 얼굴이 달아오르던 소녀였다.

　그때 상상했던 미래의 내 모습은 언제나 우아했다. 예쁜 꽃무늬 찻잔에 홍차를 따라 마시며 미소로 책을 읽거나, 손주들의 목도리를 뜨개질하는 온화한 할머니의 모습일 거라 막연히 상상했다.

　하지만 젊은 시절, 아이들을 키우고 생활에 쫓겨 지내는 동안 삶은 그 상상을 뒤엎었다. 밥 먹는 속도는 두 배로 빨라지고, 목소리는 세 배로 커졌으며, 성격은 메가 속도로 급해졌다.

　게다가 홍차 대신 여전히 커피를 더 좋아하는 예상 밖의 모습으로 나이 들어간다.

　결국 지금의 나는 우아함, 조용함, 느긋함과는 거리가 먼, 여전히 현실과 이상 사이를 헤매는 '착각 여왕'이 되었다.

　하지만 너무 애쓰지 말고 그저 '칠렐레 팔렐레' 가볍게 살라던 의사 선생님의 조언처럼, 품격 있는 할머니가 되어야 한다는 강박조차 내려놓으려 한다. 그저 오늘 하루를 즐겁고 가볍게 누리는 것이 내게 남겨진 진짜 삶의 기술인지도 모르겠다.

나이 드는 것은 피할 수 없지만, 어떤 노인이 될지는 스스로 선택할 수 있다. 우리의 노년은 아직 쓰이지 않은 빈 페이지와 같다. 매 순간의 선택과 마음가짐이 모여 어떤 할머니로 살아갈지가 결정된다.

나의 노년은 지금 이 순간의 선택으로 만들어진다.

내가 오늘 뱉는 따뜻한 말 한마디, 작은 불편함에도 미소 짓는 태도, 서두르지 않고 한 박자 쉬어가는 여유. 이 모든 것이 모여 나의 삶이라는 거대한 작품을 완성한다.

그래서 요즘 나는 작은 기다림 연습을 한다. 줄 서는 일도, 커피 한 잔 늦게 나오는 일도 이제는 괜찮다. 그날 비행기에서 만난 할머니의 모습은, 내 마음속 거울이 되어 조용히 말해주었다.

따뜻한 미소와 작은 배려로 삶의 여유를 보여주는 노년의 삶은, 내가 선택할 수 있는 길이라는 것을……

결국, '어떤 노인이 될까' 라는 물음은 곧 '오늘을 어떻게 살아야 할까' 라는 태도와 같다.

함께 빚는
글만두

그렇게 나이 듦을 마주하고 나니, 이번에는 내 마음을 한번 제대로 들여다보고 싶어졌다.

그동안 흘려보내기만 했던 감정들과 기억들이, 어느 순간 조용히 모양을 달라고 손짓하는 듯했다. 그래서 나는 마음의 부엌을 열고, 오래 묵혀두었던 재료들을 하나씩 꺼내보기로 했다.

나에게 글쓰기는 단순한 기록이 아니라, 마음의 재료를 모아 '글만두'로 빚어내는 과정과 같았다. 만두소를 만드는 일은 마음을 보듬는 치유의 시간이었고, 만두를 빚어내는 일은 나를 한층 더 생기 있게 바꾸어주었다. 그 모든 과정은 나를 한층 더 다독여 주었다.

마음을 들여다보고 잠시 멈춘 뒤, 그 감정들을 손끝으로 풀어낼 차례였다. 내 안의 많은 기억과 감정들은 그저 떠올리는 것만으로는 온전한 맛을 알 수 없다. 재료를 다듬어 만두로 빚어내야 비로소 풍미가 살아나듯, 글도 그렇게 정성과 시간을 들여야 그 의미가 깊어진다.

오랜만에 펜을 들었을 때, 나는 생각보다 익숙하지 않은 마음을 마주했다. 처음 요리를 배우는 사람처럼, 어떤 재료를 넣고 어떻게 섞어 줘야 할지 감이 잡히지 않아 마음이 자꾸 흔들리는 순간들도 있었다.

글이 나오지 않아 답답한 날도 있었지만, 한 문장씩 완성될 때 느껴지는 작은 기쁨은 나를 다시 글 앞으로 데려왔다.

그러다 어느 순간, 손끝에서 동글동글 모양을 갖추어 가는 만두를 바라보면 배보다 마음이 먼저 든든해진다는 사실을 알게 되었다.

글을 쓰는 일은 만두를 빚는 일과 정말 많이 닮아있었다.

속을 알차게 채우고 모양을 정성스레 빚어내는 과정이 문장을 다듬고 이야기를 완성하는 일과 똑같았다.

만두피를 넓게 펴고, 소를 아낌없이 채워 넣고, 입이 벌어지지 않도록 마지막을 꼭 눌러 붙이는 순간, 마음은 이미 따뜻한 풍경 속에 들어와 있었다.

내 글만두 속엔 네 가지 소가 들어 있다.
푹 익은 김치맛 같은 남편의 이야기,
참기름처럼 반짝이는 손녀의 웃음,
씹을수록 든든한 고기 같은 가족의 시간,

그리고 때로는 톡 쏘는 후추처럼 매웠던 나 자신의 이야기까지.

이 재료들이 뒤섞여 어느 날은 찐만두가 되고, 어느 날은 물만두가 되어 내 삶을 따뜻하게 채워주었다. 그렇게 완성된 만두 하나하나는 나만의 맛과 향을 가진 작은 행복이 되었다.

이제 나는 이 글만두를 독자에게 건넨다. 만둣국처럼 푸근하게, 튀김만두처럼 바삭하게, 물만두처럼 담백하게. 어떤 맛으로 느낄지는 이제 읽는 이의 몫이다.

글만두를 빚는다는 건 단순히 마음을 쏟아내는 일이 아니다.
만두를 함께 나누듯, 서로의 마음을 이해하고 이어가는 따뜻한 동행이다. 삶 속 작은 이야기를 발견해 만두피에 소를 눌러 담듯 기록할 때, 오늘의 행복이 비로소 모양을 갖추기 시작한다.

글만두를 통해 우리는 기억을 정리하고, 감정을 다독이고, 관계를 돌아보고, 나의 마음을 다시 품게 된다.
그 안에서 나와 당신, 우리 모두의 이야기가 조용히 살아난다.

이제, 우리 함께 글만두를 빚어보자. 처음부터 완벽할 필요는 없다. 5분이라도 좋고, 한 줄이어도 충분하다. 오늘 있었던 일, 느낀 감정,

지나가는 생각을 종이에, 노트에, 휴대폰 메모에 가볍게 적어보자.

나만의 재료와 향을 더해 나의 이야기를 꾹꾹 눌러 담고 손끝으로 정성스레 붙여가다 보면, 어느새 글만두의 깊은 손맛에 푹 빠져 있는 자신을 발견할 것이다. 그때 느껴지는 마음의 넉넉함이야말로 진짜 삶의 부자가 된 순간이다.

그리고 언젠가 빚어놓은 글만두를 다시 맛보았을 때, 당신의 마음이 따뜻하게 차 오르기를 바란다.

그때 우리는 아마 서로의 인생을 한입씩 맛보며 "이 만두, 속이 참 알차네." 하고 웃고 있을 것이다.

오늘 당신이 빚은 만두는 어떤 맛이었을까?

유쾌한 할머니가
될 거야

엊그제 남편과 마트에 갔다가 엘리베이터를 탔다.

엄마 품에 안겨 있던 여자아이가 나를 보더니 작은 목소리로 "할미
~" 하고 속삭였다. 귀여운 모습에 웃으며 손을 흔들어 주었는데, 뒤
따라 들어오는 남편을 보고는 "아찌~" 하는 게 아닌가.

억울한 마음에 나는 장난스럽게 물었다.

"나는 할미라면서 왜 저 사람은 아찌야? 하부지지."

하지만 두 살 꼬마는 아랑곳하지 않고 또 한 번 "아찌~" 하고 외쳤
다. 옆에서 실실 웃으며 좋아하는 남편이 더 얄미워 혼이 났다.

좋겠다. 머리털 유산 덕을 톡톡히 보네.

나도 왕년에는 '동안'이라는 소리 많이 들었다. 미모는 부족했지만
그나마 동안으로 근근이 버텨왔는데, 이제 그 착각도 끝이 난 모양
이다.

주름 잔뜩인 얼굴에 돋보기안경까지 쓴 나는, 누가 봐도 '할미'가 분

명했다. 괜찮다. 외로워도 슬퍼도 나는 안 운다. 캔디처럼.

마트를 나서는 길, 주차정산 키오스크에서 차 번호를 입력하고 확인 버튼을 찾느라 잠시 헤매던 순간. 내 머리 위로 날아든 손가락 하나가 확인 버튼을 꾹 누르고 지나갔다.

평소엔 이런 눈썰미를 발휘하지 않던 남편이었다. '오! 웬일이야, 할아버지?' 아찌 소리 듣더니 눈도 밝아졌나 보다. 이쯤 되면 우리 부부는 노안조차 팀플이 가능하다.

고성능, 고품격은 아니지만 우리는 사람 냄새나게 열심히 살아왔다. 서로를 '아쉬운 유전자'라 놀리면서도 예쁜 아이들을 낳았고, 둘이 넷이 되고, 넷이 여섯, 여덟이 되며 가족이라는 합창단의 단원을 늘려왔다.

오늘도 투닥투닥, 그렇게 살아간다. 살아오며 돌부리에 넘어지고, 회오리에 휘말리기도 했다.

어떤 때는 "노"라는 대답에 좌절했고, 잘못 든 길에서는 서로를 아프게도 했다. 하지만 중요한 건, 멈추지 않았다는 것. 넘어져도, 돌아서 가도, 다시 시작하면 됐다.

젊을 적 나는 어느 자리에서든 그림처럼 어울리는 완벽한 존재가 되려고 애썼다. 그 욕심 때문에 마음도 몸도 잔뜩 힘이 들어가 무거웠다. 타인의 평가가 두려워 하고 싶은데 하지 못한 것도 많았다.

그래서 돌이켜보면 나의 삶은 조용했지만, 이야기가 없었다. 완벽해야 한다는 착각에 꽤 오래 사로잡혀 살았던 셈이다.

하지만 수없이 넘어지며 배웠다. 우아와 품격의 무거운 외투보다, 솔직하고 단순한 내 모습이 훨씬 편하다는 것을.

그 착각을 조금만 일찍 벗었더라면 인생이 더 가볍고 재미있었으리라. 그래도 나답게 착각하며 버틴 덕분에 여기까지 온 건지도 모르겠다.

이제 손녀를 보내고 맞이한 제2의 인생. 눈물은 그만 거두고 좋은 것만 생각하기로 했다. 손녀가 떠난 빈자리는 처음엔 낯설었지만, 곧 내 시간을 찾아주는 틈이 되었다.

손녀 돌봄이 없으니 오후 네 시 이후가 온전히 내 것이 되었고, 월요병도 사라졌다. 올여름엔 나눠줄 손녀 없이 쌍쌍바 두 쪽을 혼자서 다 먹었다.

손녀 반찬을 안 만들다 보니 주방에 안 들어가도 된다.

남편만 굶기면 되니까. 물론 절대 굶을 남편은 아니지만 말이다.

그 시간에 나는 글을 쓰고, 쉬고, 내가 하고 싶은 대로 내 속도로 산다. 일요일엔 카페에서 마신 아이스 라떼 한 잔에 행복했고, 월요일엔 버럭이 남편이 재활용 분리배출을 도맡아 해준 일이 작은 기쁨이었다.

이렇게 나는 날마다 다른 웃음을 찾아 떠난다.

안 볼 듯이 티격태격하다가도 아침이면 어김없이 사다 주는 남편의 커피 한 잔을 꿀꺽꿀꺽 마시면서 하루가 다시 굴러간다.

물론 그 커피 한 잔이 남편에게서 받는 친절의 하루 총량이지만, 삶은 그렇게 이어지고 나는 내 방식대로 나이 들어간다.

비로소 가장 나다운 순간들을 누리고 있다. 이 나이쯤 되면 잔잔할 줄 알았던 인생은 여전히 투덜거리고 반성하고 배우면서도, 뜻밖에도 설렘으로 가득하다.

나는 유쾌하게 나이 들고 싶다. 넘어져도 깔깔 웃으며 일어나는 할머니. 미련하다 할 만큼 사랑하고, 소란스러울 만큼 솔직한 할머니.

괜히 아는 척하지 않고, 매일을 웃음으로 맞이하는 할머니로.

사람들은 가끔 내게 묻는다.

"어쩜 그렇게 재밌으세요?"

나는 웃으며 말한다.

“웃어도 하루, 울어도 하루잖아요. 그럼 웃는 게 낫지 않겠어요?”

그래서 하는 말인데, 혹시 길 위에서 티격태격하거나 키오스크 앞에서 머리를 맞대고 있는 우리 부부를 보신다면 '아, 저 할머니 오늘도 씩씩하시네' 하고 따뜻하게 미소 지어 주시길 바라본다.

특히 옆의 할아버지를 향해 '여성호르몬이여, 할아버지에게로!' 하고 마음속 주문을 외워주신다면 나에겐 최고의 응원이 될 것이다.

이 글을 읽는 당신과 나는 아마도 이렇게 각자의 자리에서 서로의 하루를 조용히 응원하며 살아가는 인연일 것이다.
우리 삶에 햇살 같은 따스함이 늘 함께하길.

언젠가 우연히 마주친다면 기꺼이 커피 한 잔을 건네고 싶다.
그런 마음으로 나는 나의 속도로 나이 들고, 당신은 당신의 방식으로 하루를 이어가길 바란다.

오늘도 나는
'내 삶은 아직도 재미있어질 여지가 많다'는 착각 한 스푼을 살짝 얹어, 유쾌한 할머니로 다시 시작한다.

에 필 로 그

　돌이켜보면 제 인생은 크고 작은 착각이라는 바퀴 위에서 굴러왔습니다. 귀여운 착각은 남에게 웃음을 주었고, 허무한 착각은 기가 막혀 웃어버리게 했으며, 때로는 뻔뻔한 착각이 비웃음을 사기도 했지요. 하지만 그 끝은 언제나 웃음이었습니다.

　그래서 제게 착각은 온통 웃음입니다.

　착각은 결코 부끄러움만이 아니었습니다.

　맨정신으로 버티기 힘들었던 순간들을 견디게 해준 힘이자, 저를 다시 일으켜 세우는 작은 에너지였습니다.

　그 착각들은 제가 혼자 즐기는, 가장 무해하고 유쾌한 마음 놀이였습니다.

　어린 시절 "착각도 자유다" 라는 말이 놀림처럼 들려 필사적으로 착각을 피하던 때도 있습니다. 현실만을 곧게 응시하려 애쓰자 삶은 재미를 잃고, 제 모습은 초라해 보였습니다.

　나를 지켜주던 작은 환상들까지 제 손으로 밀어냈던 겁니다.

　그래서 다시 선택했습니다. 조금 우습고 가벼워 보여도 괜찮으니, 나를 살게 하는 나만의 착각을 품어보기로요.

　그 선택 이후로 저는 호호호 웃는 우아한 여성이 아니라,

　하하하 웃으며 살아가는 유쾌한 착각 여왕이 되었습니다.

스스로를 솔직하고 괜찮다고 착각하는 이 뻔뻔함이 바로 제가 얻은 왕관이었습니다.

그러니 독자 여러분도 이 책을 덮고 나면 작은 착각 하나를 가슴에 슬쩍 얹어 살아보셨으면 합니다.

"이 세상은 내가 없으면 굴러가지 못할 거야. 나는 이 삶의 분명한 주인공이니까"
그 작은 착각 하나가 당신의 하루를 훨씬 유쾌하고 활기차게 만들어 줄 겁니다.

이 책을 쓰는 동안에도 저는 매일 저만의 작은 허세와 작은 위로, 그리고 작은 용기를 스스로에게 건네며 지냈습니다.
그 여정 속에서 제 착각을 함께 굴려 더 단단하게 만들어 준 가족과 친구들 그리고 모든 인연에게 이 자리를 빌려 깊이 감사드립니다.

저는 앞으로도 쭉,
유쾌한 착각 여왕으로 여러분 곁에서 웃으며 살아갈 것입니다.
오늘은 어떤 착각을 주머니에 넣고 시작할까요?

"착각 여왕 나가신다〜〜〜!"

유쾌한 착각 여왕 유혜연

긴 호흡으로 이야기를 마칠 즈음
나의 합창단에 새로운 단원이 찾아왔다.

복덩이 작은딸이 낳은 나의 손자.
먼 곳에 있어 곁을 지켜주지 못해
눈물만 흘리던 할미의 마음을 아기는 알고 있었던 걸까.

자신의 소식을 이 책에 꼭 남겨 달라는 듯, 두 주나 일찍 서둘러 세
상 밖으로 나왔다.
덕분에 나의 삶 이야기는 다시 귀여운 세상으로 초대받았다.

그렇게 나의 책은 마침표 대신,
아이의 숨소리를 닮은 쉼표 하나를 찍으며 다시 흐르기 시작한다.
울퉁불퉁하고 소란스럽겠지만,
그 내일 역시
나는 여전히 유쾌하게 지나가려 한다.

유쾌한 착각 여왕

2026년 2월 20일 초판 인쇄
2026년 2월 25일 초판 발행

펴낸이 | 김정철
펴낸곳 | 아티오
지은이 | 유혜연
마케팅 | 강원경
편 집 | 이효정
인 쇄 | 조은피앤피
전 화 | 031-983-4092~3
팩 스 | 031-696-5780
등 록 | 2013년 2월 22일
정 가 | 19,000원
주 소 | 경기도 고양시 일산동구 호수로 336 (브라운스톤, 백석동)
홈페이지 | http://www.atio.co.kr

* 아티오는 Art Studio의 줄임말로 혼을 깃들인 예술적인 감각으로 도서를 만들어 독자에게 최상의 지식을 전달해 드리고자 하는 마음을 담고 있습니다.